材料模拟与计算

张鹏　关成波　编著

山东大学出版社

图书在版编目(CIP)数据

材料模拟与计算/张鹏,关成波编著.—济南：山东大学出版社,2021.5（2023.7 重印）

ISBN 978-7-5607-6934-9

Ⅰ.①材… Ⅱ.①张… ②关… Ⅲ.①材料科学—物理学Ⅳ.①TB303

中国版本图书馆 CIP 数据核字(2021)第 044466 号

责任编辑 祝清亮
文案编辑 曲文蕾
封面设计 乔传萍

出版发行 山东大学出版社
社　　址 山东省济南市山大南路 20 号
邮政编码 250100
发行热线 (0531)88363008
经　　销 新华书店
印　　刷 山东和平商务有限公司
规　　格 787 毫米×1092 毫米 1/16
　　　　 8 印张 162 千字
版　　次 2021 年 5 月第 1 版
印　　次 2023 年 7 月第 3 次印刷
定　　价 35.00 元

内容简介

本教材共三章：第1章引导学生进行计算凝聚态物理领域的实战操作，掌握在Materials Studio平台下运行第一性原理密度泛函理论的CASTEP和$DMol^3$两个模块的基本技巧；第2章从量子力学的基本原理出发，介绍绝热近似、变分原理，最后引出哈特里-福克近似与密度泛函理论；第3章是相关理论在固体物理领域的应用。本书主要内容为电子波函数的计算和晶格振动理论。通过后两章的理论学习，学生可以结合第一章的计算机模拟案例，以晶体材料为主线，掌握从原理到应用的全过程。

本教材可作为普通高等学校物理类、材料类的高年级本科生、研究生的教学和科研用书，也可作为相关领域科研工作者的参考书。

前　言

物理学原本是一门实验科学，后逐渐分为实验物理和理论物理两大分支。进入21世纪后，随着量子力学理论和计算机技术的发展，通过计算机模拟研究对象物理性质的方法即计算物理成为物理学的第三大分支。众所周知，基于量子力学的薛定谔方程对一个真实体系的物理性质是难以精确求解的。如今，采取绝热近似、Hartree-Fock以及DFT等一系列近似方法，可以在很多方面得到与实验测量相一致的结果，能够对物质的结构和性质作出科学的解释和预测。本教材的基础目标是使学生能够掌握第一性原理计算的基本原理和方法，能够利用计算机模拟的手段解决实际问题；拔高目标是使学生能利用所学理论和方法，在新理论、新材料、新应用等方面做出创新。

当前，凝聚态物理领域最为常用的近似算法是密度泛函理论。笔者参考了一些教材和著作，以晶体材料为主线，自编讲义，从2017年开始进行教学改革实践，无论在教学内容还是形式上都有不同于传统教学的改革思路，而且教学内容上也没有遵从传统教材的大纲顺序。开课之初，先教上机仿真，通过自建一个材料模型进行结构优化和性质计算，再进行分析数据，讨论结果，完成一个问题研究的全流程操作。实践使初学者体会到知识的力量，然后就会产生学习理论原理的动力，这样接下来的理论课教学就能产生事半功倍的效果。

与此同时，通过给学生布置课程论文的任务，学生做好选题，将科研训练贯穿整个学期。到结课时，学生要上交一份完整的课程论文，有创新点的经过后期修改可以投稿发表。从理论学习到知识创新不可能全部在课堂上完成。在开课同时我们组织学生参加课外的科研训练团队，将学生在课程论文写作中遇到的问题拓展到第二课堂上进行深入讨论。通过定期的学术讨论解决实际中遇到的问题，再通过一对一的指导，加快他们科研成果的产出。总之，本门物理专业课的教学以成果为导向，探索出“实践(Practice)-理论(Theory)-创新(Innovation)”的新模式，简称“PTI 教学模式”。第一课堂的理论教学结合第二课堂的科研训练，使学生在理解、掌握基本原理的同时，进行创新实践，取得了十分明显的成效，在发表论文、参加科技竞赛等方面都有很大的收获。

本教材的大纲和讲义是由张鹏完成的，并由关成波做了后期的修订和补充，编写过程中也得到了曹靖雯、秦晓玲、王浩诚、朱栩量等同学的协助。由于水平有限，书中难免存在不当之处，恳请读者不吝赐教，以便及时勘正。

张鹏

2021 年 1 月 22 日于威海

目　录

第 1 章　教学案例与实践 …… 1

1.1　物质的结构与性质计算 …… 1

1.2　原子位置的精确控制 …… 5

1.3　声子计算及简正振动模式 …… 8

1.4　截断能与 k 点取样测试 …… 12

1.5　表面与吸附 …… 16

1.6　有机大分子的计算 …… 18

第 2 章　量子力学基础 …… 22

2.1　波函数和薛定谔方程 …… 22

2.2　力学量算符 …… 26

2.3　角动量 …… 33

2.4　中心力场和氢原子 …… 41

2.5　全同性原理 …… 44

2.6　定态微扰理论和变分法 …… 46

2.7　量子多体问题 …… 51

2.8　密度泛函理论 …… 57

2.9　数值优化与几何优化 …… 68

第3章 电子波函数与晶格动力学 …… 73

3.1 布洛赫定理 …… 73

3.2 近自由电子近似 …… 77

3.3 等能面与能态密度 …… 82

3.4 平面波方法 …… 87

3.5 紧束缚近似 …… 92

3.6 正交化平面波方法与赝势方法 …… 96

3.7 晶格振动理论 …… 100

3.8 三维晶格振动与声子 …… 108

3.9 分子动力学简介 …… 113

参考文献 …… 118

第 1 章　教学案例与实践

学习量子力学时我们知道，薛定谔方程是不能直接求解多电子体系的。本教材从理论上讨论如何通过一系列的近似方法，来求解系统的能量，优化结构并计算体系的性质。本章先从实践开始，让学生体会如何去建模一个材料的结构，如何设置合理的参数进行计算，最后学会如何分析计算结果，得到研究对象的可观测宏观物理量。上机操作环境采用 Materials Studio (MS)计算平台下的量子力学计算模块 CASTEP 和 $DMol^3$。

1.1　物质的结构与性质计算

建立模型是进行计算的第一步。首先，打开 MS 程序，选择新建一个 Project，若不命名则会自动取名为 Untitled。击菜单栏“View”下的“Explorers”，可以调出三个界面：Project界面、Properties 界面和 Job 界面，其中灰色部分是工作界面。点击菜单栏“File”，打开一个新的结构文件 3D Atomistic.xsd，会在工作区出现一个同黑板一样的新界面。这就是三维建模界面，新建或输入的三维结构会显示在这里，可以把这个界面放大、充满整个工作区。MS 自己建立的结构文件的后缀是“.xsd”。这里要注意的是新版本的 MS 可以向下兼容旧版本的文件，反之则不行。

我们以 NaCl 为例来建立晶胞，并计算某些物理性质。依次点击“Build”→“Crystal”→“Build Crystal”，调出建模面板，默认的结构空间群为 1 P1，即编码为 1 号、对称性最低的 P1 结构。这是一个周期性的结构，每个单元是边长默认为 1 nm 的正方体，内部再没有其他对称性。设置晶格三边长分别为：a 为 5.64，b 为 5.64，c 为 5.64。然后点击“Build”→“Add Atoms”，通过元素周期表调出 Na 元素。打开“Options”面板查看现在的坐标是分数坐标，回到“Atoms”面板，在三边 a、b、c 中先后输入(0,0,0)、(0,0.5,0.5)、

(0.5,0,0.5)以及(0.5,0.5,0),观察到正方体的八个顶点和六个面心都出现了 Na 原子。然后再加 Cl 原子,坐标依次为(0,0,0.5)、(0,0.5,0)、(0.5,0,0)和(0.5,0.5,0.5),则 Cl 原子布满 12 条棱的中点和体心。这时通过点击“Build”→“Symmetry”→“Find Symmetry”可以发现此结构的空间群是 FM-3M(OH-5),编号是 225。因为此时没有对称性,可以再逐个删除原子。如果点击“Impose Symmetry”,为结构加上了对称性之后,原子之间受到对称性的关联,此时再删除任一原子就会删掉所有同类原子。因此,如果需要建模一个局部掺杂的结构,要先把内部的对称性去掉,即通过点击“Build”→“Symmetry”→“Make P1”命令去除对称性。此时,晶格的周期性还在,若删除一个顶角原子,所有顶角原子都会消失。

如果已知空间群,建模则很简便。在“Build Crystal”面板的“Enter Group”对话框中直接选取编号为 225 的空间群结构。打开“Lattice Parameters”面板,我们看到除了边长 a 以外,其余都呈现灰色,表示不能更改。将边长改为 5.64 后点击“Apply”,出现一个边长都为 0.564 nm 的正方体。点击“Build”→“Add Atoms”,在添加原子面板上,选 Na 原子,坐标位置不改,都是零,点击“Add”。然后再选 Cl 原子,边长依次改为:a 为 0.5,b 为 0.5,c 为 0.5。虽然只输入了两个原子,但根据对称性,所有其他位置的原子也就全部确定了,如图 1.1.1 所示。

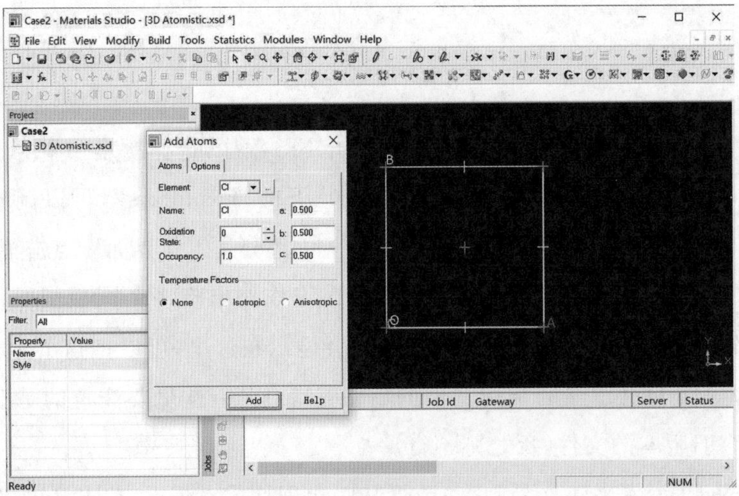

图 1.1.1　NaCl 结构建模

MS 自带一个结构数据库,通过点击“File”→“Import”命令会看到当前文件中有个快捷命令“Structures”,打开后会找到很多常见结构。此外,可以通过外部的晶体结构数据库把后缀名为“.cif”格式的结构文件直接在 MS 下打开。另外,有机大分子等结构还可以直接像作图一样画出来。

做出来的晶胞并不是最小周期结构，可通过点击“Build”→“Symmetry”→“Primitive Cell”转化为原胞，此时三维图像显示为一个平行六面体结构，仅含一个 Na 原子和一个 Cl 原子。这次默认已经是最优化结构，可直接计算单点能。通过点击“Modules”→“CASTEP”→“Calculation”调出计算面板，“Task”选择“Energy”，“Quality”选择“Medium”，不选“Metal”。如果同一个项目下已经有过计算，计算面板会默认最后一次计算的设置。这次“Electronic”面板中的“Pseudopotentials”可以选“Ultrasoft”，即超软赝势。“Properties”面板下分别勾选“Band Structure”和“Density of States”，并选中下面的“Calculate PDOS”和“Optical Properties”。“Job Control”下可选择是在本机还是服务器的某个队列中计算，设置合适的核数，点击“Run”会提示要不要转化为原胞计算。一般选是，原子数越少越节省时间。然后会看到“Job Explorer”区显示已排队等待或直接开始跑程序了。

计算结束，打开结果文件中的三维结构，会同时显示第一布里渊区。如图 1.1.2 中的左图，白线是原胞的结构，绿线是第一布里渊区，红线是 K 点取样的计算路径。不需要时，可以点鼠标右键，从“Display Style”中勾掉，以免影响其他显示。在工具栏中，CASTEP 计算模块的图标是水波纹，把鼠标箭头放上去会显示英文名称。以后需要点击某个图标时，文中直接给出英文名。从“Analysis”中找到“Electron Density”，点击“Import”后，电子云密度会加载到结构文件中，显示等高面的分布。在显示设置的“Field”选项中，选“Visable”可显示整个空间的场分布，选用“Volume”方式可见六面体各个截面上的电场分布，如图 1.1.2 中的右图所示。

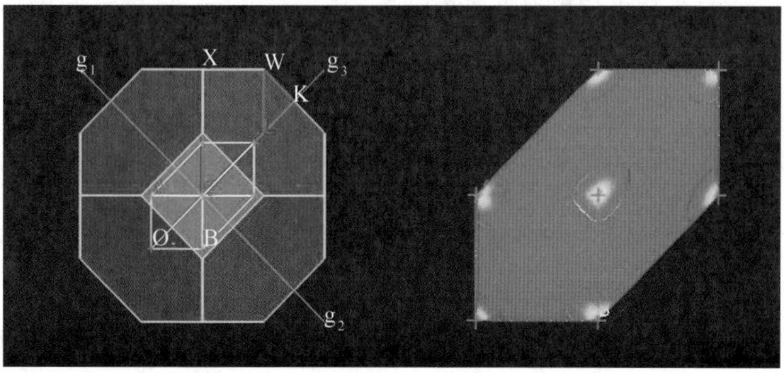

图 1.1.2　布里渊区(左)和电场的分布(右)

点击“Analysis”→“Band Structure”，继续分析能带结构。若同时勾选“DOS”及“Partial”，可对比观察电子的能带结构和各个电子壳层的投影态密度(见图 1.1.3)。图 1.1.3的左图是能带结构，显示带隙为 5.1 eV，是绝缘体，横坐标给出 k-point 的积分路径，G 即 Gamma 点，W、L、K 及 X 这些布里渊区边界的对称点可以从图 1.1.2 显示的布里渊区中找到。图1.1.3右图的电子态密度中，用不同的颜色显示出 s、p、d、f 各个轨道电子的贡献。左图的横坐标单位是电子的波矢，纵坐标是能量（与波的频率相对应），曲线上的每一个点代表一个量子态，即一支波矢和频率都确定的波。态密度描述的是体系电子全部量子态以能量为坐标轴的分布密度。图 1.1.3 之所以如此显示，就是让大家观察两者的关系。当然，也可以单独通过“Density of States”来显示态密度，此时横坐标是常规的水平显示。

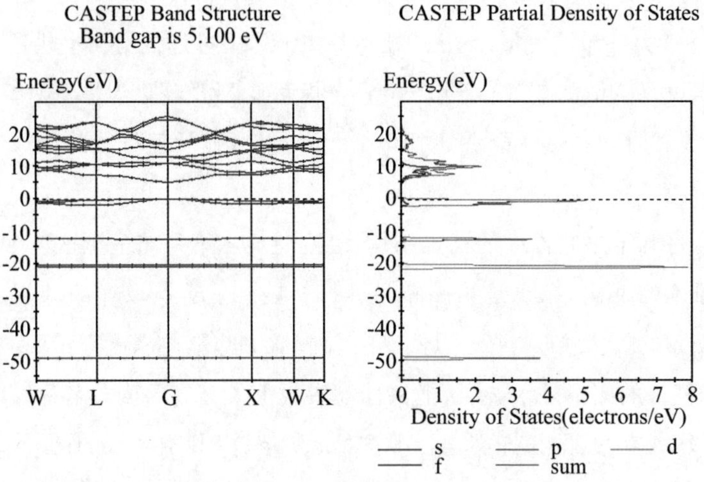

图 1.1.3　电子能带（左）和分投影态密度（右）

分析光学性质可以得到反射、吸收、介电常数等信息。如图 1.1.4 所示，首先打开的对话框是反射率，横坐标单位根据需要可以选 eV、cm^{-1} 和 nm。先点击“Calculate”，再点击“View”可看到如图 1.1.4 所示的该材料对电磁波谱的反射性质。

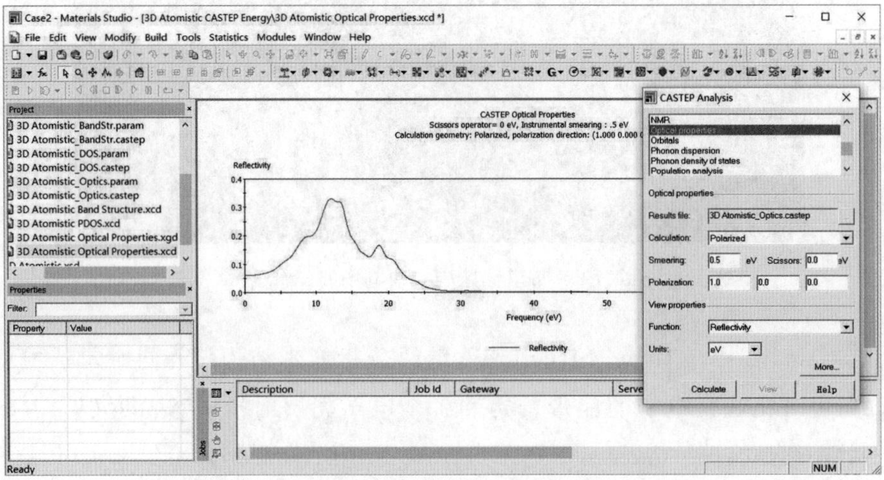

图 1.1.4　模拟的 NaCl 光学性质

1.2 原子位置的精确控制

我们希望将一个小分子精准地放置到沸石结构的孔洞中。可以从结构数据库中找到一个沸石材料,即导入结构时点击"File"→"Import"→"Structures"→"Zeolites",并从列表中选择"MOR",其晶胞结构如图 1.2.1 所示。

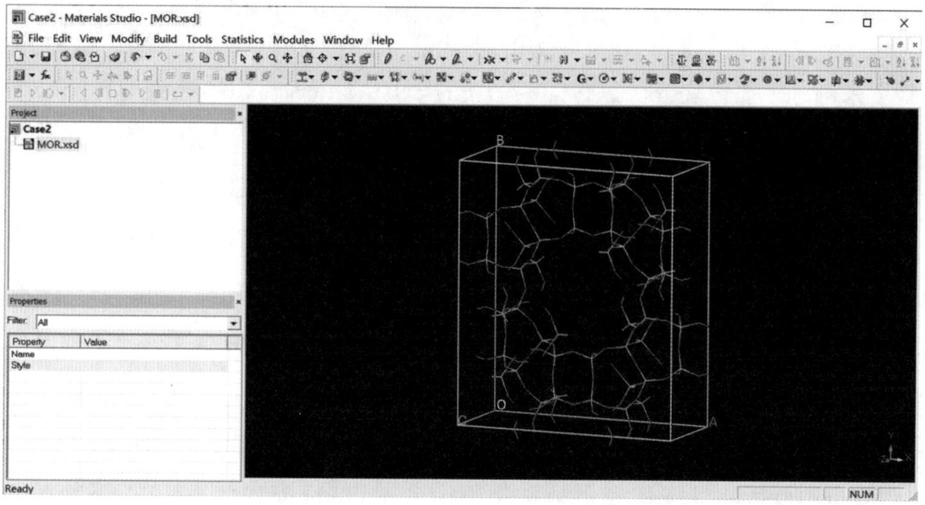

图 1.2.1 沸石的结构

首先取消结构的对称性,依次点击"Build"→"Symmetry"→"Make P1",这样可以对其中的任意原子进行操控而不会影响到其他位置的原子。如果要对晶体中的某个原子进行替位掺杂,也是这样的操作。现在要找到孔洞的中心点,需要先选中孔壁上的原子,点击工具栏图标"3D Viewer Reset View",回到俯视图。同时按"Shift"+"Q"键,再按住鼠标左键可以沿着孔壁将内壁的所有原子都选中,如图 1.2.2 左图所示。然后点击图标"Creat Centroid"找到其中心,如图 1.2.2 右图所示。如果转动一下,会看到有三个质心,这是因结构的周期性所对应的前后两个单元的影像。

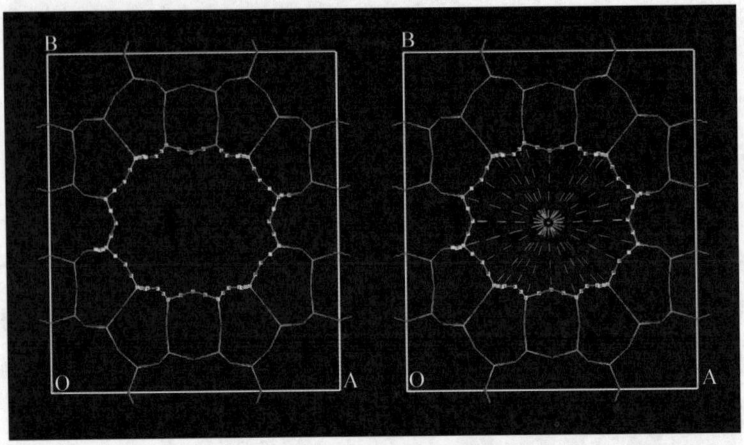

图 1.2.2　寻找孔洞的质心

接下来画一个氯甲烷分子。打开一个新的 3D Atomistic 文件，找到图标"Sketch Atom"，打开后选中碳原子。回到工作区，点击鼠标左键，会拉出一个像接力棒一样的线状图。按"Esc"退出键，会剩下一个十字，表示所在位置有个碳原子。再回到"Sketch Atom"，再找一个氯原子，若不在列表中，可以打开下面的元素周期表选择。在碳原子旁边点击，再放到碳上点击，就形成一个 Cl—C 键。剩下的三个氢可直接找到图标"Adjust Hydrogen"，点击，会自动把需要的氢补上。这个功能在画有机分子的时候特别方便。最后还要点击旁边的图标"Clean"，会自动调整键长和键角。由于手动作图不标准，程序会按常识给出一个合理的相对位置。氯甲烷画好后，把鼠标改回"3D Viewer Selection Mode"，然后通过按住左键拖动把整个分子选中，按"Ctrl"＋"C"键复制。回到 MOR 结构中，按"Ctrl"＋"V"键复制过来。氯甲烷会随机出现在晶体中的某个位置。

如果转动一下图 1.2.3 的左图，可能会看到有两个氯甲烷。这是因为氯甲烷被复制到 MOR 的晶胞边界上，有一个影像可以通过调整氯甲烷的位置消除一个。回到 *XY* 面，选中氯甲烷，再按键盘上的左转键两次，三维结构会整体转动一个直角，调整到 *YZ* 面的侧视图。按下"Shift"键，同时按住鼠标滚轮，可以把一个分子移动到 MOR 中。这时通过点击"Display Style"→"Lattice"，并改一下"Range"的任意值，就可以把另一个影像去掉，然后再回到原值。现在要调整氯甲烷分子的方向。转到一个合适的角度，按着"Shift"键可以同时选中碳原子和氯原子。再找到中心图标"Creat Centroid"，选中里面的"Best Fit Line"这一项。现在就会看到沿着碳氯键出现一条虚线。再把分子全部选中，回到俯视图。然后去找工具栏中的"Align Onto View"。如果找不到，可以打开菜单栏"View"，从"Toolbar"中选中"3D Movement"，调出这一组工具栏。选中其中的"Align In/Out"，可以看到整个分子沿碳氯键转动到与画面垂直，即与孔道平行的角度。选中氯甲烷分子的同时按下“Shift”键和鼠标滚轮，把整个分子移动到孔道的中心。然后再按键盘上的左转键头两次，会看到原来好像在中心的分子其实有很大的偏离。再次移动到质心位置，才把氯甲烷放置到中心位置。

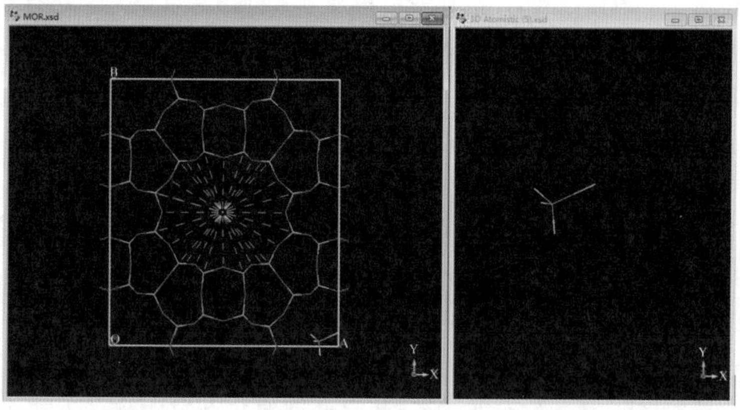

图 1.2.3 MOR 中加入氯甲烷分子

接下来我们想观察一下体系的电子云，即电子密度分布。为节约时间，精度选“Coarse”，其他设置参数同上一节，性质部分都不选。计算结束后，分析一下电子云密度，点击“Import”，将计算结果输出到三维结构中，会看到由密度相同的空间位置形成的等势面，如图 1.2.4 所示，颜色浅的部分是内剖面。

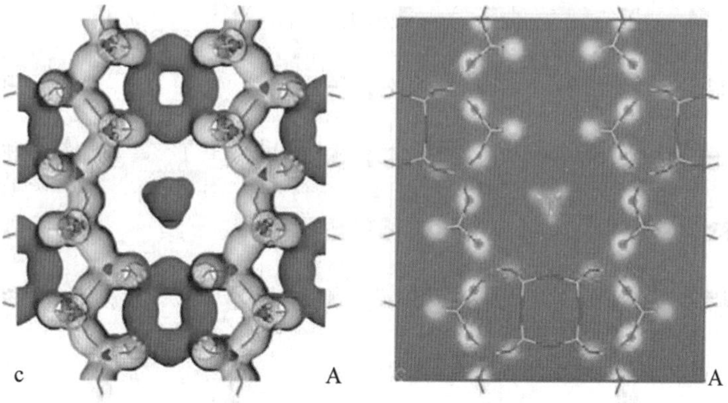

图 1.2.4 电子云分布(左)和切面的电场分布(右)

这时再打开显示方式，会看到多了两个菜单栏，分别为“Field”和“Isosurface”，里面有很多控制显示方式的选项。同时选中场分布下的“Visible”和“Volume”，可以看到电场在晶胞表面的分布。我们还可以用切片的方式观察电场在晶胞内部的分布，从工具栏中找到“Create Slices”，选其中的“Best Fit”这一项，会在中间出现一层切面。这时再关掉“Field”和“Isosurface”中的“Visible”选项，就可以清晰地看出切面的情况了，如图 1.2.4 右图所示。若要转到一个任意角度，则选中切面，再按下“Shift”键加鼠标滚轮，可以在垂直于切面方向上移动，而“Shift”键加鼠标右键则可以变换切面的倾角。这些操作方便观察者直观地找到一个最佳位置，并把有一定物理意义的图保存下来。还有一些其他工具比如“Color Maps”等，大家可以自己去开发其用途。

1.3 声子计算及简正振动模式

任何物质在温度高于绝对零度以后，其内部的原子和分子就会处于不停的热振动中。学过固体物理后我们可知，在简谐近似下，原子和分子的振动可以分解为各不相同的简正模式，每个简正模式可以看作是晶格中的一支格波，原子或分子以不同的相位但相同的频率做共同振动。那么，原子、分子究竟是如何振动的呢？以水分子为例，看一个孤立的水分子都有哪些振动模式。虽然水分子是非周期的孤立分子，但也可以用 CASTEP 模块来研究这个问题。需要先建模一个水分子的结构，依次点击“File”→“New”→“3D Atomistic”，新建一个结构。找到工具栏里的“Sketch Atom”，从下拉菜单中选中“Oxygen”，鼠标会在黑板中显示为铅笔。点击一下，拉出一个类似接力棒的线条，按“Esc”键，只剩下一个红色的十字，表示此处有一个氧原子，再去点击工具栏里的“Adjust Hydrogen”，一个水分子就做成了。点击工具栏的“3D Viewer Selection Mode”，去掉鼠标的铅笔状态。在黑板中点击鼠标右键，选择“Display Style”，可以将目前的显示从线型(Line)改为球棍型(Ball and Stick)，这样看起来更形象。按住鼠标右键可以任意转动坐标，看其三维立体结构。点击工具栏的“3D Viewer Reset View”，就会回到默认的俯视图，黑板的右下角显示坐标位置。

物理上研究的材料主要是具有空间周期性的晶体材料，电子波函数可以近似为某种平面波，适合用 CASTEP 计算模块来计算。但本教材是要模拟一个孤立水分子的性质，因此需要用一定的手段来处理这个非周期的结构。将水分子放在一个晶格常数足够大的三维周期性立方体盒子中，晶胞间的相互作用弱到可以忽略不计，就可以近似计算孤立分子的性质了。点击菜单栏“Build”→“Crystal”→“Build Crystal”，直接点击“Build”，并确认“Make P1”，会在黑板中出现一个立方体的框架，三维晶格常数都是 1 nm。此时水分子可能落在简立方的某个边界上，但其与周围相邻水分子的距离都是 1 nm，并不影响计算。如果想把水分子放在简立方的中央，可以按住鼠标左键，把水分子全部选中，这时所有原子和键都呈现黄色。同时按下键盘上的“Shift”键和鼠标滚轮，就可以拖动水分子到正方体的中心。注意，第一次拖到的位置一般不对，再按一下键盘的左或右箭头，就可以知道水分子和正方体的空间位置的关系了。到此为止，就完成了水分子的建模，此时可以点击工具栏的图标“Save”，以保存这个模型。

接下来设置参数进行计算。点击“Modules”→“CASTEP”→“Calculation”，或直接在工具栏找到那个类似水波纹的图标，在第一个“Setup”面板中设置参数，如图 1.3.1 所示。

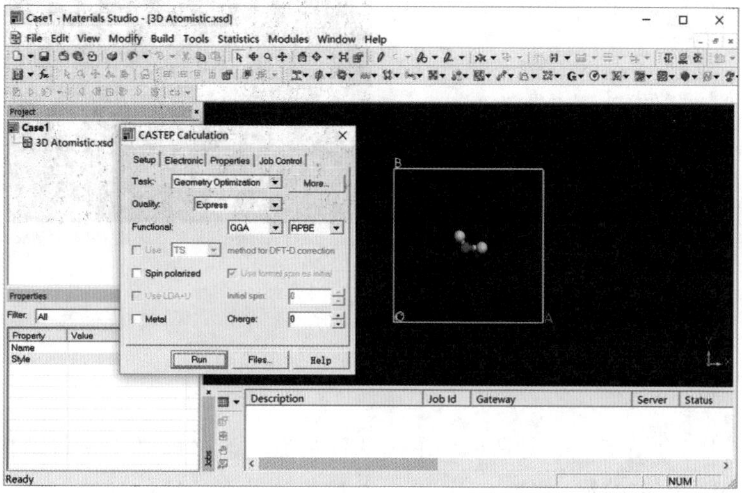

图 1.3.1　水分子建模

其中，在任务“Task”中选“Geometry Optimization”进行结构优化。作为演示案例，追求速度不追求精度，可在“Quality”这一项中选择“Express”。再打开电子面板“Electronic”，注意将“Pseudopotentials”这个对话框里的“Ultrasoft”改为“Norm-conserving”，否则不能用线性响应法进行声子计算。打开“More”菜单，在“SCF”里选中“Fix Occupancy”，确认这是一个绝缘体材料。如果这个计算是在个人计算机机中进行的，则在最后的“Job Control”面板中，“Gateway Location”一栏中只有“My Computer”这一项。并行运算核数“Run in Parallel”默认是 1，将其设到最大，可以提高计算速度。如果提交服务器运算，则在选择计算队列后，根据需要设置核数。点击“Run”运行程序进行计算，会弹出一个对话框，询问要不要转换成更高对称性。在通常情况下，选“Yes”以减少计算量。此时，正方体变成了平行六面体，这是晶体的最小周期，被称作原胞(Primitive Cell)，是平行六面体结构。

这个计算任务很快就会完成，此时可看到 Project 栏目里多了很多文件。下面是计算性质，注意先双击结构优化文件夹下的三维结构 3D Atomistic. xsd，然后再调出 CASTEP 计算面板，将“Setup”下的“Task”改为“Energy”来计算单点能，再到“Properties”面板中选择极化、红外和拉曼这一项，如图 1.3.2 所示。如果有时间，可以再加上 Phonons 来计算声子态密度。因为是计算结构优化后的水分子的红外和拉曼谱，其他设置参数不能再改动。

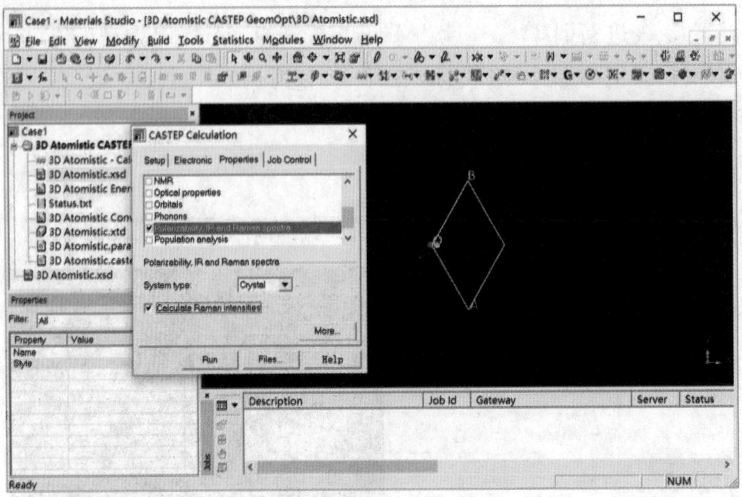

图 1.3.2　水分子的振动谱模拟

点击运行后，会出来一个对话框要求确认计算振动谱之前必须进行结构优化。只有结构达到最稳定才能正确计算振动谱，没有虚频。一个大的结构计算起来可能长达数十天。因此，我们一般把结构优化和性质计算分两步走，以免中途出错又得从头开始，也方便以后再去计算其他性质。

计算结束后，就可以进行分析了。先选中计算后的“.xsd”文件，再打开 CASTEP 图标，点击“Analysis”。找到“IR Spectrum”，点击下面的“Import”，将数据输出到结构文件。这时可以看到结构文件名多了个星号，关掉分析面板，保存一下结构，星号就会消失。然后从菜单栏“Tools”中打开“Vibrational Analysis”，调出一个控制面板，点击“Calculation”按钮，可以看到出现了六个频率值，如图 1.3.3 所示。

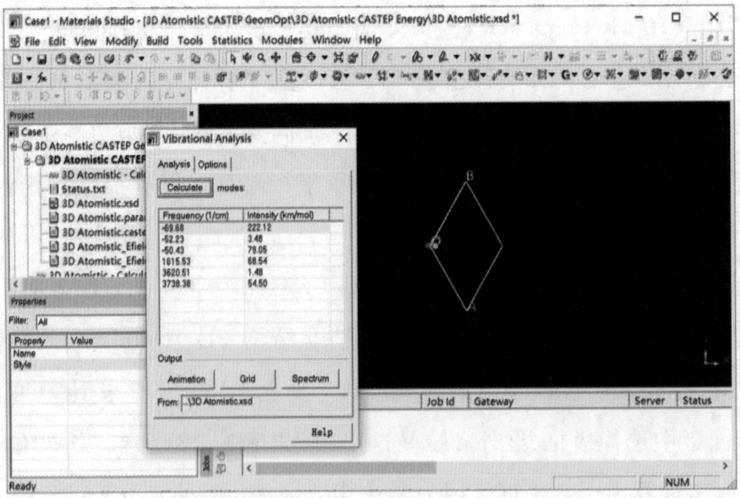

图 1.3.3　振动谱的数据处理

在简谐近似下,总的光学支简正振动模式数等于所有原子的自由度数减去三个声学支的振动,即分子在三维空间的整体振动。这里给出的是保持质心不变的六种光学支振动。计算精度不够,显示三种分子的转动模式有虚频。我们重点了解微观下的原子、分子都是怎么振动的。通过双击每一个频率值或点击下面的"Animation"按钮,会显示每种振动模式的动力学过程。绿色箭头表示振动方向,大小与振幅成正比。因为氧和氢的质量比很大,相对振动时要保持晶胞的质心不变。由于氢的振幅要比氧大很多,因此动画显示的氧原子几乎不动。转动一下角度,就能清晰地看出,水分子共有三种空间转动模式,分别是水分子平面内的摆动、面间摆动和沿着 H—O—H 角分线的扭动。水分子内原子间的相对振动也是三种,对应于红外吸收谱,波数在 1615.53 cm^{-1} 处的振动是分子内的 H—O—H 键角的弯曲振动(或叫剪切振动);3620.51 cm^{-1} 处的振动是分子内两个氢原子相对于氧原子的对称伸缩振动,能量最大的那个振动称为非对称伸缩振动,如图 1.3.4 所示。为方便观察和打印,背景一般是白色,通过鼠标右键调出"Display Option"面板可更改背景颜色。

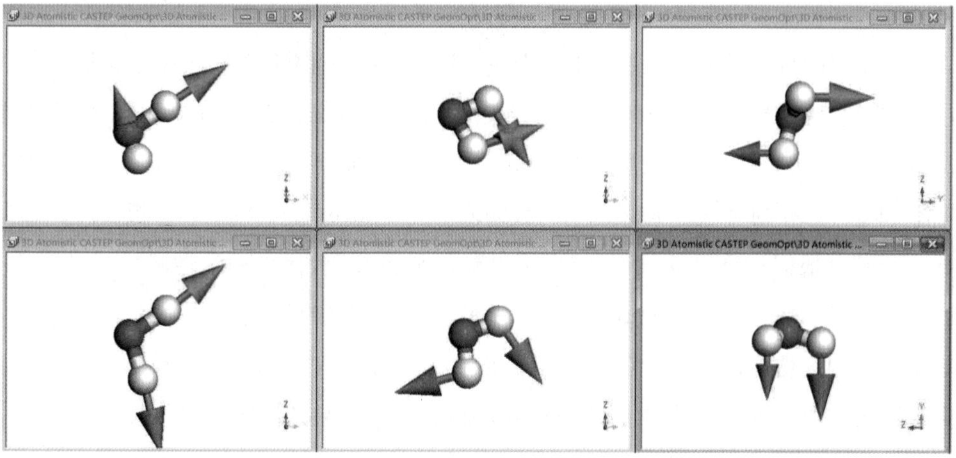

图 1.3.4　水分子的六种光学支振动模式

继续分析其对应的红外吸收谱。如图 1.3.3 所示,点击"Spectrum"按钮即可显示红外吸收谱。因为是吸收谱,默认的峰是倒着的,与实验测量的相一致,可通过"Option"面板更改显示方式。通过 CASTEP 的"Analysis"找到"Raman Spectrum",可调出拉曼散射谱。这个计算模拟了两种振动谱的实验结果,并能分析对应振动峰的振动模式。该方法可对实验观察到的振动谱进行理论标定,即指认振动峰的归属,并给出振动模式。实际计算振动谱的性质时,也要同时选中声子的计算,默认为线性相应方法,简单的结构可以加选色散关系,这样能同时得到两个曲线,可观察声子态密度是怎么由色散关系曲线积分形成的。声子态密度的结果与红外和拉曼不能完全一致，因为光子与声子相互作用点靠近布里渊区中心，即 Gamma 点，因此红外和拉曼能观测到。因为有选择定则，它们对不同简正模式的活性和强度不一致，有时两种实验谱能够互为补充。而声子态密度反映的是全部的声子，与之比较对应的实验是非弹性中子散射谱。这个分析比较专业，需要有很好的晶格振动理论基础。声子的计算对结构要求很高，科研级的研究在设置 Energy 和 Cutoff 两个收敛容忍值时要取最大精度，因此非常耗时。如果计算的声子态密度(PDOS)有虚频，说明未达到最优结构，体系内存在不平衡的外应力。作为练习，请大家做一个氨气分子的结构，计算振动谱、红外和拉曼谱并分析其原子振动模式。

1.4 截断能与 k 点取样测试

计算参数的设置不合理，要么计算失败，要么计算结果与实验测量值偏差很大。因此，不合理的参数设置所得到的结果是没有意义的。根据样品的性质可以确定某些参数，比如金属要在“Setup”面板里选“Metal”这一项，系统会增加在费米面附近的 k 点，而半导体和绝缘体则不选，应在“Electronic”→“More”→“SCF”面板中选中“Fix Occupancy”。根据计算目的的不同，也可以确定某些参数，比如用线性响应来计算声子，赝势必须选择“Norm-conserving”。还有一些参数是由经验确定的，可参考相关文献。而有些提高计算精度的参数，为了达到时间与效率的平衡，则需要进行测试。本节主要讨论如何通过测试确定 k 点取样(k-points)和截断能(Cutoff)的设置参数。

本节以 k 点取样的测试为例，截断能测试可留作练习。选取一个冰Ⅷ相的结构进行参数测试，并进一步通过加压观察其相变。冰Ⅷ相是一个氢有序排列的高压冰相结构，因此有最小周期。图 1.4.1 是一个晶胞的俯视图，转化为原胞后，可知其最小结构仅含四个水分子。

下面设置参数进行结构优化。点击“Modules”→“CASTEP”→“Calculation”，或直接在工具栏点击水波纹图标，调出计算面板的第一个对话框“Setup”，参数设置如图 1.4.1 所示。这是个绝缘体，因为氢几乎裸露成一个质子，晶格中的电子云密度变化很大，泛函要选择“GGA”。

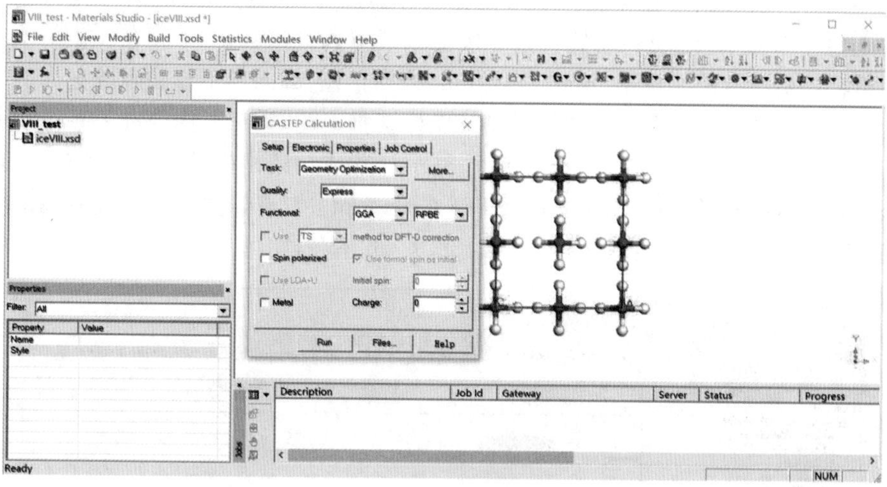

图 1.4.1　冰Ⅷ相的结构优化

其中，在“Task”中选“Geometry Optimization”进行结构优化。因为现在只需要进行 k 点取样测试，不要求别的精度，所以可在“Quality”这一项中选“Express”进行快算。“Functional”根据经验选“GGA”下的“RPBE”，即广义梯度近似下的 RPBE 泛函。注意，“More”菜单中还要选中“Optimize Cell”来优化晶胞或原胞。

在电子面板“Electronic”中，“Pseudopotentials” 要选择“Norm-conserving”，即模守恒赝势，以便用线性响应法进行声子的计算。打开“Electronic”下的 More 菜单，在“SCF”栏里选中“Fix Occupancy”，确认这是一个绝缘体材料；在 k-points 栏里选“Separation”选项，设置数值为 0.09，单位是 10 nm。如图 1.4.2 所示。

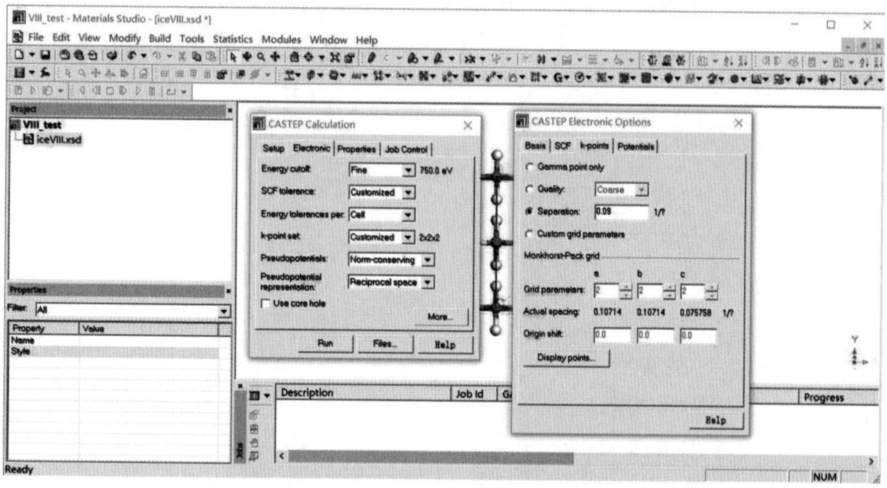

图 1.4.2　k 点取样的参数设置

“Properties”栏中所有的选项都不需要勾选，在最后的“Job Control”栏中，如果“Gateway Location”中只有“My Computer”，即本机这一项，可将运算核数“Run in Parallel”设到最大，以提高计算速度。如果提交服务器运算，先选择排队到哪一组，还要知道服务器上每个节点有多少核，设置核数一般要取节点的整倍数。

运行程序进行计算。点击“Run”，会弹出一个对话框，询问要不要转换成更高的对称结构以提高速度。在通常情况下，选“Yes”以减少计算量。此时，正方体变成了平行六面体的原胞。程序运行结束后，会弹出一个对话框，显示计算成功还是失败。计算成功之后，结果会从服务器下载到新的文件夹 iceⅧ CASTEP GeomOpt。打开该文件夹下的 iceⅧ.castep 文件，从后往前找到最终的总能量值(−1856.658790462 eV)，如图 1.4.3 所示。

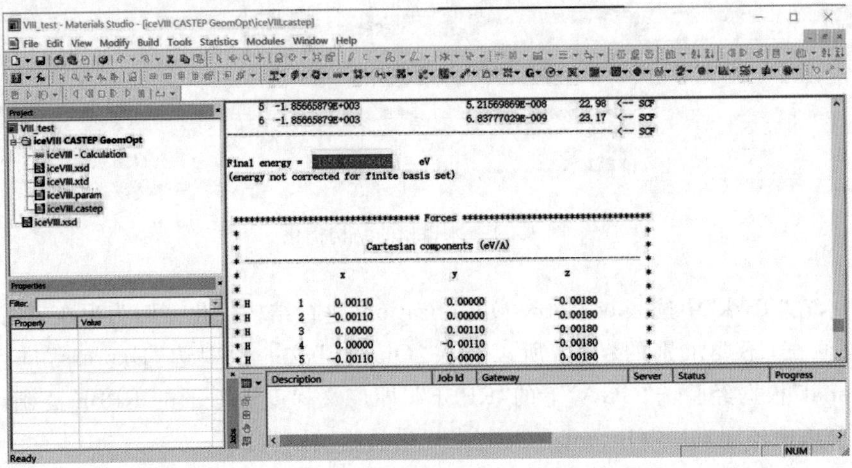

图 1.4.3　计算后的总能量

重新选中计算前的那个原始结构而不是计算后的新结构，更改 k 点取样的精度，重新进行计算，如将“Separation”选项分别设置为 0.08、0.07、0.06 和 0.05。计算完成后，在“Project”下出现多个并列而不是嵌套的文件夹。打开每个文件夹下的后缀为“.castep”的文件，记录下每次计算的总能量。把不同 k 点取样下得到的总能量用折线图表示出来，如图 1.4.4 所示。

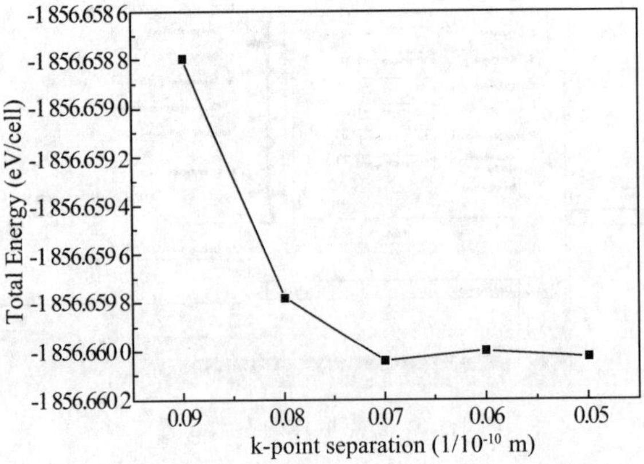

图 1.4.4　k 点取样的测试结果分析

从图 1.4.4 中可以看出，设置 k 点在第一布里渊区的计算路径上间隔 0.07 之后，总能量开始趋于极值，因此选择 0.07 就可以了。如果设置更高的精度，只会增加计算量，更加耗时，但对结果影响不大。也就是说，我们找到了一个精度与时间的平衡点。

现在讨论如何再进行截断能测试。根据上面的结果，可以将 k 点取样设置为 0.07。现在打开面板“Electronic”下的“More”菜单，在 Basis 面板下勾选“Use Custom Energy Cutoff”，就可以设置截断能“Cutoff”的数值，可以分别设置 500 eV、600 eV、750 eV、830 eV、900 eV 以及1000 eV等，操作步骤同 k 点取样一致。

设置好截断能和 k-points 的参数后，就可以进行结构相变的计算了。过去人们在实验室能制备的超过 3 GPa 的高压相是冰Ⅶ相和冰Ⅷ相，后来发现继续增加压强，超过 60 GPa 后，会相变为氢位于两个氧原子中点的类似金属氧化物结构，称为冰Ⅹ相。在 Setup 面板的“More”菜单中打开“Stress”，在静水压“Equivalent Hydrostatic Pressure”中填入 60，然后把“Setup”面板的“Quality”设置为最高精度，再修改以上两个参数就可以进行结构优化了。注意，这次不需要“Norm-conserving”赝势。完成一次计算后，通过点击“Properties”→“Symmetry System”可以观察到密度增加了，但是点击工具栏的“Find Symmetry”发现空间群还是 141，没有发生相变。继续以 10 GPa 为间隔增大压强，重新在原结构的基础上进行优化，最终会在120 GPa时观察到空间群变为 224。点击“Impose Symmetry”，会看到显示的晶胞变了，如图 1.4.5 所示。这时再去计算对应的振动谱 PDOS、IR 以及 Raman。有意思的是，冰Ⅹ相只有一个拉曼峰和两个红外吸收峰，并与原来的冰Ⅷ相有很大的不同，可以作为观察相变的实验依据。如果没有实验观测值，你就得到了新冰相振动谱的理论模拟值，可以写成论文作为文献资料提供给其他的科研工作者。

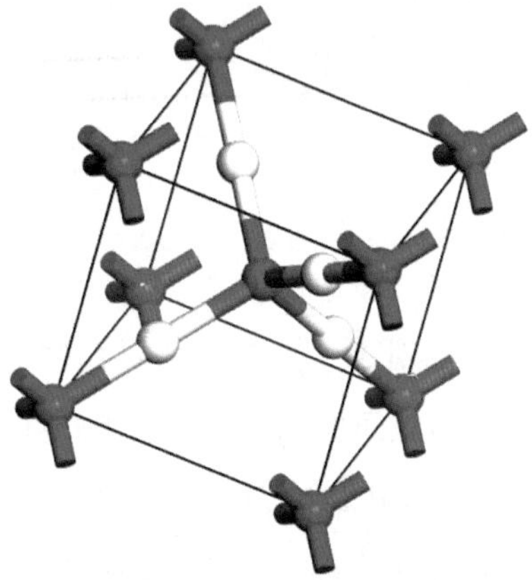

图 1.4.5　冰Ⅷ相变为冰Ⅹ相

1.5 表面与吸附

物质的界面与吸附是一大类研究方向，有着广泛的应用领域。本节我们尝试研究物质表面的吸附性质。以 Si 为例，首先导入结构，点击“File”→“Import”→“Structures”→“Semiconductors”→“Si”，调出 Si 的晶胞，这是一个三维无限延伸的周期性结构。为切出一个 Si 的表面，我们首先要选择一个方向，比如密度最大的（1，1，1）面，然后点击“Build”→“Surfaces”→“Cleave Surfaces”。这里我们截取晶面指数为（1，1，1）的表面，截取厚度为 3 层原子，如图 1.5.1 所示。

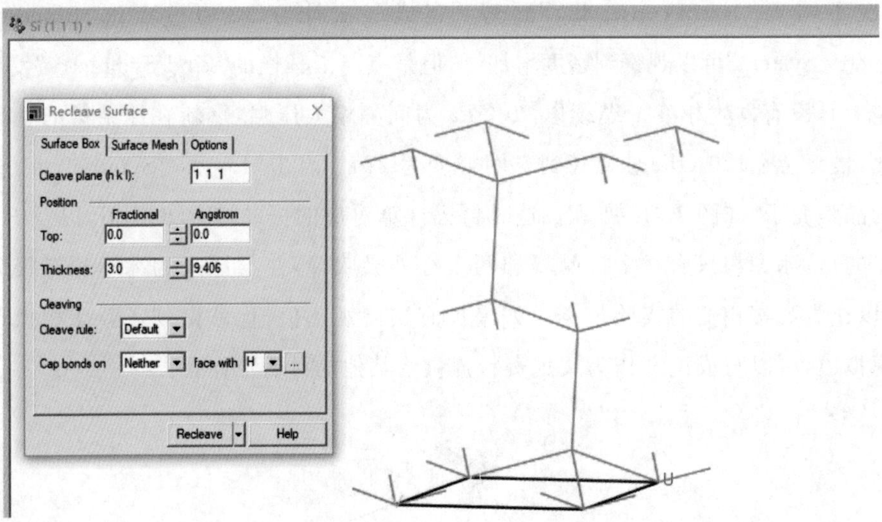

图 1.5.1 切出 Si 的（1，1，1）晶面

由于在利用 CASTEP 计算时，我们的建模均具有三维周期性，为了让截取后的晶体表面成为真正的表面，需要在其上创建一个真空层，这样计算时虽然沿着该晶面方向还会延展，但足够大的真空会使得晶胞间的相互作用忽略不计。点击“Build”→“Crystals”→“Build Vacuum Slab Crystal”，选取沿 C 轴，设置厚度为 1.2 nm 的真空层，得到的结构如图 1.5.2 左图所示。因为背景和晶格都是白色，为显示真空层，晶格颜色改为黑色。现在放一个水分子到表面，就可观察到吸附情况。为了不受 XY 面周期性的干扰，需要沿着 X 轴和 Y 轴增大表面。进行超胞操作，点击“Build”→“Symmetry”→“Supercell”，将

沿 A 轴和 B 轴方向的延展倍数设置为 2，C 轴不变，如图 1.5.2 右图所示。

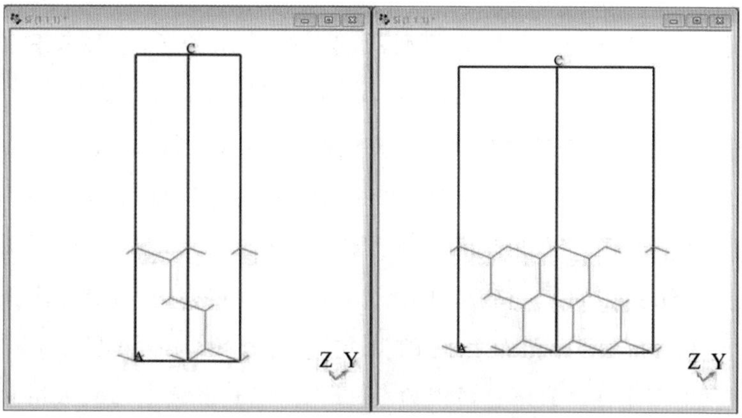

图 1.5.2 在 Si 表面上建立真空层

新建一个结构文件，画一个水分子，再复制到 Si 表面结构中。选中该水分子后同时按下“Shift”键和鼠标滚轮，移动水分子，调整到合适位置。放置水分子时氧原子应在硅原子正上方，其间距应略大于硅原子的间距 0.2352 nm，如图 1.5.3 所示。此时氧原子与硅原子的距离是 0.3478 nm，两个氢原子为水平放置。水分子中两个氢的朝向可以更改，选中后同时按下“Shift”键和鼠标右键，调整角度，可以做成多种位型进行重复计算。因为相互作用势能可能有几个极小值，某种位型在结构优化后会在某一个极小值收敛，但未必就是最小值。

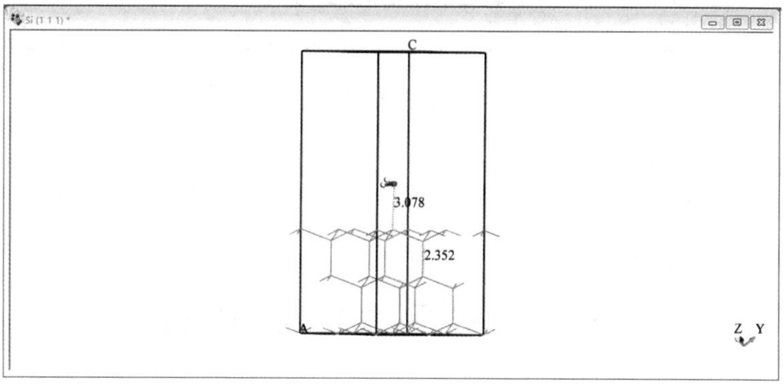

图 1.5.3 Si 的表面加入水分子

建模完成后，就可以进行结构优化计算了。对于电子密度梯度不大的无机材料，可选用局域密度近似（LDA）。精度要求不高的话，能在课堂上完成计算。程序运行结束后，可以发现水分子与表面的距离收缩，变为 0.3308 nm。打开后缀名为“.castep”的结果文件，倒着找到“Final Energy＝－3055.68 eV”，如图 1.5.4 所示，把这个数记录下来。因为结果并不一定是最优解，需要改变两个氢的位置朝向后进行多次计算，并进行比较，体系总能量最低的结构为最优结果。

以上是模拟了一个水分子的吸附位型，如果是多个水分子，还要考虑水分子之间氢键的相互作用，建模就更复杂了。作为练习，可以尝试将四个水分子组成一个四方的环，分子间距约 0.27 nm，放置在四个硅原子上方模拟一下，看吸附后的位置以及水分子之间的关系是怎么样的。打开计算后的文件夹中后缀名为“.xtd”的文件，调出菜单栏“View”，点击“Toolbars”→“Animation”工具栏，再点击 Play 可以观察模拟过程中结构的演变，尤其是水分子在不断调整位置的画面，你会感到很有趣。同时，Si 的内部也会有变化。如果层数多，可以保留表面的几层参与优化，而深层的用“Modify”→“Constraints”功能固定住。录下这段视频，可以作为动画形象地向大家讲解硅表面上水分子找吸附位置的模拟过程。

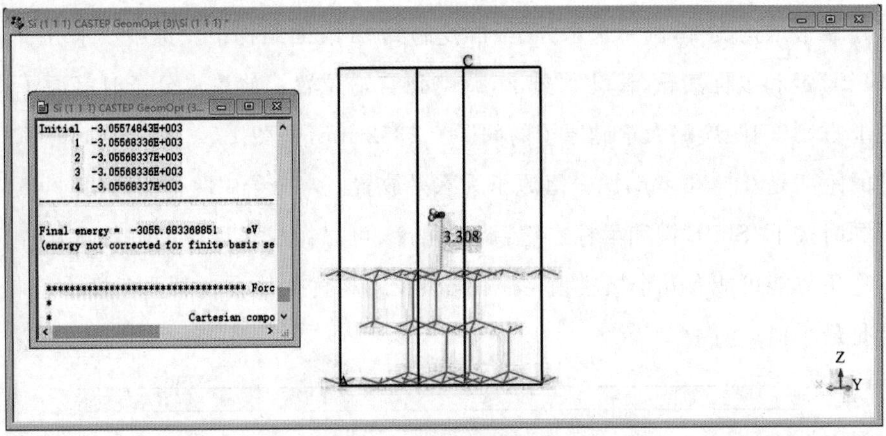

图 1.5.4　优化后的吸附位型

1.6　有机大分子的计算

前面的案例都是通过 CASTEP 模块进行计算，无论是周期性的晶体还是非周期的孤立分子。CASTEP 是把材料中的电子波函数看作具有空间周期性的布洛赫波，采用的基组是平面波函数的线性组合。现在用 $DMol^3$ 来计算，采用的基组是原子轨道波函数的线性组合。因此，更适合计算非周期性的有机大分子。当然，也可以按紧束缚近似理论去计算周期性的材料。

以熟悉的药物分子阿司匹林为例，演示非晶材料使用 $DMol^3$ 模块进行计算的模拟方法。有机大分子可以直接通过作图画出来。已知其分子结构如图 1.6.1 所示，分子式为 $CH_3COOC_6H_4COOH$。

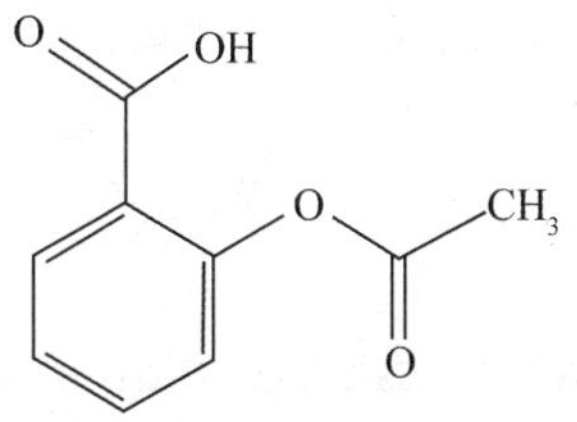

图 1.6.1　阿司匹林的分子结构

现在建模这个有机分子的结构，依次点击“File”→“New”→“3D Atomistic”，打开一个 3D 对象窗口。工具栏中有方便画有机分子的工具。“Sketch Ring”是用来画苯环的，“Sketch Fragment”中有很多预先做好的官能团可供选择。点击“Sketch Ring”图标，选择下拉菜单中的“6 Member”，在建模区点击一下便出现一个六元苯环。点击“Sketch Atom”图标，在下拉菜单中选择“Carbon”，分别点击苯环上三个互不相邻的边，使之成为碳碳双键，如图 1.6.2(a)所示。键的属性可以在选中苯环后，通过图标“Modify Bond Type”调整。接着，在苯环的其中一个顶点处接一个碳原子，在这个碳原子后再接一个氧原子，此时再点击 C—O 键使其变成 C═O 双键，如图 1.6.2(b)所示。按照上述方法依次添加除了 H 原子之外的其他原子和双键结构，得到的结构如图 1.6.2(c)所示。最后点击工具栏中的自动加氢图标“Adjust Hydrogen”，得到阿司匹林分子，如图 1.6.2(d)所示。

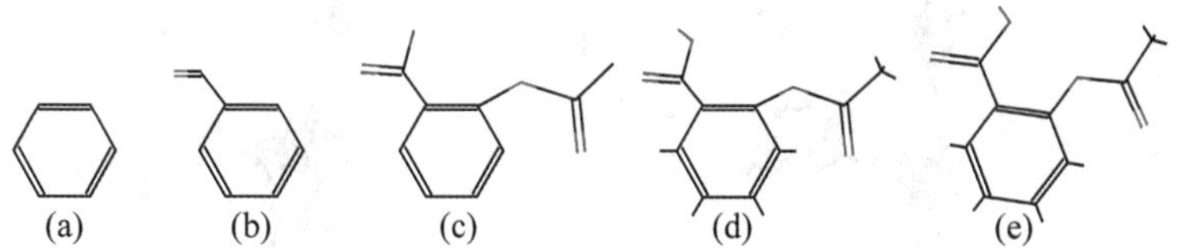

图 1.6.2　阿司匹林分子的建模过程

手动添加原子后，结构的键长键角一般不合理。为了修正有机大分子的结构，最后要点击工具栏中的“Clean”图标，如图 1.6.2(e)所示，一个有机大分子便画好了。

进行结构优化时，选择菜单栏“Modules”下的“$DMol^3$”模块，调出“$DMol^3$ Calculation”计算面板。在“Setup”的“Task”中选择结构优化“Geometry Optimization”，再选择“GGA”下的“RPBE”，精度选中等，如图 1.6.3 所示。

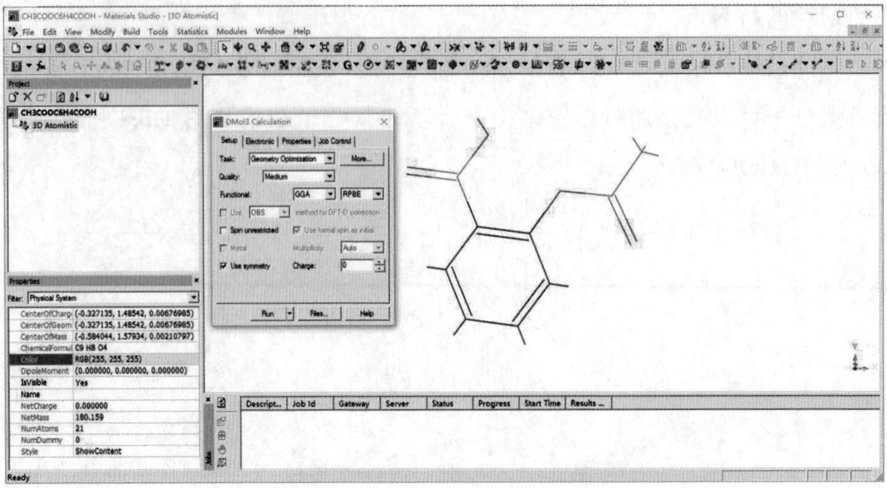

图 1.6.3 计算参数设置

然后，在“Electronic”面板的“Core treament”下选择赝势“DFT Semicore Pseudopots”，“Properties”面板下的选项都不选，“Job Control”面板下设定核数。点击“Run”，开始结构优化的计算。$DMol^3$ 使用的基组是原子轨道波函数的线性组合，收敛速度比平面波要快。

注意，这次做好结构后，没有进行“Make P1”等操作使其变为三维周期性的晶体。因为 $DMol^3$ 与 CASTEP 不同，可以计算孤立的原子分子体系。

计算结束后，比较优化前后的差别，如图 1.6.4 所示，可以看到三维构型的变化。

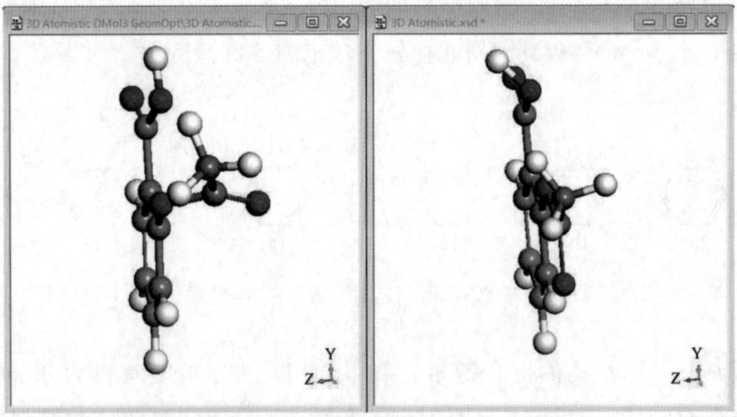

图 1.6.4 优化前(右)、优化后(左)的三维结构对比

需要指出的是，有机分子会有同分异构体，比如手性的氨基酸分子。生命体中存在的氨基酸基本都是左旋的，但非生物合成的氨基酸出现左、右手性的概率相等，这两者的

体系总势能是一样的。即使是左手性氨基酸，也可能有几种不同的三维构型，并以一定的比例存在于自然界。这是因为存在多个势能极小值，能量差别不大，但彼此间的势垒却很大，因此也会稳定存在。例如，金刚石最稳定，能量低于石墨，但因为二者间的势垒很大，石墨很难相变为金刚石。

关于交换关联能泛函的选择问题，如果没有文献或经验可以参考，也要做一下测试。比如要模拟振动谱，先查找研究对象的红外和拉曼实验等数据，分别测试不同的泛函，找到与实验数据最接近的方案。本案例测试了 RPBE 泛函作为练习，请大家继续测试其他泛函，以讨论计算这个药物分子振动谱的最合适泛函。

第 2 章　量子力学基础

2.1　波函数和薛定谔方程

2.1.1　波粒二象性

1900 年，普朗克(Max Planck)为解释黑体辐射提出了能量子假设：频率为 ν 的振子，发射和吸收的电磁波能量有最小单位 $h\nu$。基于能量子假设，普朗克推导出了黑体辐射的理论公式，与实验结果符合得非常好。普朗克假定中的常数 h 是物理学基本常数，后人称之为普朗克常数($\approx 6.626\times 10^{-34}$ J·s)。

1905 年，爱因斯坦(Albert Einstein)提出了光量子假设，并成功地解释了光电效应：频率为 ν 的光由光量子组成，每个光量子的能量为 $E=h\nu$。根据狭义相对论中的能量动量关系式 $E^2=m^2c^4+p^2c^2$ 可知没有静止质量的光量子的能量为 $E=pc$，于是可得到光量子的动能 p 与波长 λ 的关系为 $p=\dfrac{E}{c}=\dfrac{h\nu}{c}=\dfrac{h}{\lambda}$。光量子假设指出光具有波粒二象性，频率波长和能量动量的关系式称为普朗克-爱因斯坦关系式。1923 年，康普顿通过 X 射线与轻物质的散射实验(康普顿散射)证实了光量子假设及普朗克-爱因斯坦关系式。

1913 年，玻尔(Niels Bohr)根据原子的线状光谱，提出原子内部能量的不连续性假设：电子绕原子核做圆周运动的能量只取特定的值，对应于特定的轨道，这时原子处于稳定的状态，不会向外辐射电磁波，称为定态。玻尔认为，原子如果在不同定态间发生跃迁，则会发射或吸收光量子，跃迁前后的能级差就是光子的能量，即 $\Delta E=h\nu$。玻尔由此推导出了氢原子光谱的巴尔末公式和里德堡常数。

1923 年，德布罗意(Louis de Broglie)将普朗克-爱因斯坦关系式及波粒二象性推广到有质量的微观粒子，指出电子及其他实物粒子也具有波动性，称为物质波，后人又称之为德布罗意波。粒子的能量、动量与其物质波的频率、波长的关系为

$$
\begin{aligned}
\nu=\frac{E}{h}, \quad \omega=2\pi\nu=\frac{E}{\hbar} \\
\lambda=\frac{h}{p}, \quad \boldsymbol{k}=\frac{2\pi}{\lambda}\boldsymbol{n}=\frac{\boldsymbol{p}}{\hbar}
\end{aligned} \tag{2.1.1}
$$

式中，ω 表示角频率，$\boldsymbol{k}$ 表示波矢，$\boldsymbol{p}$ 表示动量矢量，$\hbar=h/2\pi$ 为约化普朗克常数。$\boldsymbol{k}$ 和 $\boldsymbol{p}$ 的方向就是粒子运动的方向，用单位矢量 $\boldsymbol{n}$ 表示。

假如能量和动量已知的自由粒子，其物质波的频率和波长也是确定的，可用一个平面波来描述其运动，可写成复数形式 $A\mathrm{e}^{\mathrm{i}(\boldsymbol{k}\cdot\boldsymbol{r}-\omega t)}=A\mathrm{e}^{\mathrm{i}(\boldsymbol{p}\cdot\boldsymbol{r}-Et)/\hbar}=A\mathrm{e}^{\mathrm{i}\boldsymbol{p}\cdot\boldsymbol{r}/\hbar}\mathrm{e}^{-\mathrm{i}Et/\hbar}$，其中，$A$ 是平面波振幅，$(\boldsymbol{k}\cdot\boldsymbol{r}-\omega t)$ 是平面波在 t 时刻 $\boldsymbol{r}$ 处的相位。复数形式的平面波是分离变量的，即空间变量和时间变量分离。这种类似于驻波的函数形式表示处于稳定状态的物质波，从而描述能量确定的运动状态，即定态。

1926 年，薛定谔(Erwin Schrödinger)基于德布罗意的物质波假设和玻尔的原子理论，提出了物质波的波动方程，后人称之为薛定谔方程。同一年，玻恩(Max Born)提出概率波概念，揭示了微观粒子波动性的本质，使波粒二象性在理论上有了自洽解释。

练习题 2-1：假设氢原子中的电子围绕原子核做圆周运动形成驻波，即周长是波长的整倍数。试由此导出玻尔的角动量量子化条件 $L=n\hbar, n=1,2,3,\cdots$。

练习题 2-2：根据热运动理论，汞蒸气中原子的平均动能 $E_{\mathrm{k}}=\frac{3}{2}k_{\mathrm{B}}T$，其中 k_{B} 为玻尔兹曼常数，T 为温度。计算汞原子在常温 300 K 时的德布罗意波长。

2.1.2 波函数的统计解释

粒子的空间运动用波函数 $\psi(\boldsymbol{r},t)$ 描述，波函数模的平方 $|\psi|^2$ 表示粒子空间位置的概率分布。例如，发现粒子在 t 时刻、在 $\boldsymbol{r}$ 点处的体积元 $\mathrm{d}^3\boldsymbol{r}$ 内出现的概率为 $|\psi(\boldsymbol{r},t)|^2\mathrm{d}^3\boldsymbol{r}$，对全空间积分，得到粒子在全空间出现的总概率，原则上等于 1，即为归一化条件。

$$
\int_{\infty}|\psi|^2\mathrm{d}^3\boldsymbol{r}=1 \tag{2.1.2}
$$

满足归一化条件的波函数称为归一化波函数。由于概率概念的相对性，量子力学并不要求波函数必须归一化。实际上，对于任意不为零的常数 C，ψ 与 $C\psi$ 描述相同的状态。

如果 ψ 不是归一化的，但其平方可积，即

$$
\int_{\infty}|\psi|^2\mathrm{d}^3\boldsymbol{r}=B\ (\text{有限值}) \tag{2.1.3}
$$

取 $\Psi=\frac{1}{\sqrt{B}}\psi$，则有 $\int_{\infty}|\Psi|^2\mathrm{d}^3\boldsymbol{r}=1$，于是粒子在 $\boldsymbol{r}$ 点处的体积元 $\mathrm{d}^3\boldsymbol{r}$ 内出现的概率由

$|\Psi|^2$ 给出,即

$$|\Psi|^2 \mathrm{d}^3\boldsymbol{r} \equiv \frac{1}{B}|\psi|^2 \mathrm{d}^3\boldsymbol{r} \tag{2.1.4}$$

除了上述归一化条件,波函数还要满足有限性、连续性和单值性。

2.1.3 薛定谔方程

在势场 $V(\boldsymbol{r},t)$ 中运动的粒子,其波函数 $\psi(\boldsymbol{r},t)$ 的时间演化遵循薛定谔方程,即

$$\mathrm{i}\hbar\frac{\partial\psi}{\partial t} = \left(-\frac{\hbar^2}{2\mu}\nabla^2 + V(\boldsymbol{r},t)\right)\psi \tag{2.1.5}$$

式中,μ 是粒子的质量,$\nabla^2 = \frac{\partial^2}{\partial x^2} + \frac{\partial^2}{\partial y^2} + \frac{\partial^2}{\partial z^2}$ 是拉普斯算子。式(2.1.5)右侧括号内视作算符,称为哈密顿算符,记作 $\hat{H}$,即

$$\hat{H} = -\frac{\hbar^2}{2\mu}\nabla^2 + V(\boldsymbol{r},t) \tag{2.1.6}$$

如果势场与时间无关,即 $V(\boldsymbol{r},t) \equiv V(\boldsymbol{r})$,则薛定谔方程的分离变量形式的定态解为 $\psi(\boldsymbol{r})\mathrm{e}^{-\mathrm{i}Et/\hbar}$,式中 E 和 $\psi(\boldsymbol{r})$ 分别称为定态能量和定态波函数,满足定态方程,即

$$\hat{H}\psi(\boldsymbol{r}) = \left(-\frac{\hbar^2}{2\mu}\nabla^2 + V(\boldsymbol{r})\right)\psi(\boldsymbol{r}) = E\psi(\boldsymbol{r}) \tag{2.1.7}$$

这些定态解描述能量确定的状态,有确定的振动频率 $\omega = E/\hbar$,符合德布罗意物质波假设。

如果给定势场和边界条件,我们可以求解定态方程,从而得到所有定态能量和定态波函数,分别记作 E_n,$\psi_n(\boldsymbol{r})$,其中 $n=1,2,\cdots$。薛定谔方程的一般解可以表示成所有定态解的线性叠加,即

$$\psi(\boldsymbol{r},t) = \sum_n C_n\psi_n(\boldsymbol{r})\mathrm{e}^{-\mathrm{i}E_nt/\hbar} \tag{2.1.8}$$

式中,C_n 为叠加系数,可以由初始条件求出。

例如,在全空间自由运动的粒子,$V(\boldsymbol{r})=0$,其定态方程为

$$\hat{H}\psi(\boldsymbol{r}) = -\frac{\hbar^2}{2\mu}\nabla^2\psi(\boldsymbol{r}) = E\psi(\boldsymbol{r}) \tag{2.1.9}$$

此问题没有边界条件,很容易求得定态波函数及定态能量,分别为

$$\mathrm{e}^{\mathrm{i}\boldsymbol{p}\cdot\boldsymbol{r}/\hbar},\ E = \frac{p^2}{2\mu},\ \boldsymbol{p} = (p_x, p_y, p_z) \tag{2.1.10}$$

式中,p_x,p_y,p_z 取值为连续的实数。于是,自由粒子的定态解可写成

$$\mathrm{e}^{\mathrm{i}\boldsymbol{p}\cdot\boldsymbol{r}/\hbar}\mathrm{e}^{-\mathrm{i}Et/\hbar} = \mathrm{e}^{\mathrm{i}(\boldsymbol{p}\cdot\boldsymbol{r}-Et)/\hbar} = \mathrm{e}^{\mathrm{i}\left(\boldsymbol{p}\cdot\boldsymbol{r}-\frac{p^2}{2\mu}t\right)/\hbar} \tag{2.1.11}$$

这是平面波函数描述动量确定的自由粒子态。自由粒子的一般解可以表示为以上平面

波函数的叠加

$$\psi(\boldsymbol{r},t)=\int_{\infty} C(\boldsymbol{p})\mathrm{e}^{\mathrm{i}(\boldsymbol{p}\cdot\boldsymbol{r}-\frac{p^2}{2\mu}t)/\hbar}\mathrm{d}^3\boldsymbol{p} \tag{2.1.12}$$

其中，叠加系数 $C(\boldsymbol{p})$ 由初始条件给出，实际上由傅立叶变换可得到

$$C(\boldsymbol{p})=\frac{1}{(2\pi\hbar)^3}\int_{\infty}\psi(\boldsymbol{r},0)\mathrm{e}^{-\mathrm{i}\boldsymbol{p}\cdot\boldsymbol{r}/\hbar}\mathrm{d}^3\boldsymbol{r} \tag{2.1.13}$$

一般来说，定态方程的解可能是束缚态，也可能是非束缚态，这取决于势函数 $V(\boldsymbol{r})$。束缚态表示粒子在有限的区域中运动，其定态波函数在无穷远处取值为零，且平方可积，相应的定态能量取值是不连续的，称为分立谱。反之，非束缚态波函数在无穷远处的取值不为零，相应的定态能量取值是连续的，称为连续谱。例如，全空间运动的自由粒子的定态波函数即平面波函数，是非束缚态，其定态能量在 $(0,\infty)$ 内连续取值。

练习题 2-3：把式(2.1.12)代入式(2.1.13)中，先对动量做积分，试简化给出的自由粒在任意时刻的波函数与初始时刻波函数的关系。

$$\psi(\boldsymbol{r},t)=\left(\frac{\mu}{2\pi\mathrm{i}\hbar t}\right)^{3/2}\int_{\infty}\psi(\boldsymbol{r}',0)\mathrm{e}^{\frac{\mathrm{i}\mu(\boldsymbol{r}-\boldsymbol{r}')2}{2\hbar t}}\mathrm{d}^3\boldsymbol{r}'$$

练习题 2-4：讨论质量为 μ 的粒子在宽为 a、深为 V_0 的一维有限深方势阱中的定态问题。

$$V(x)=\begin{cases}0, & |x|<\dfrac{a}{2}\\ V_0, & |x|>\dfrac{a}{2}\end{cases}$$

2.1.4 态的叠加原理

对于给定的量子体系，如果 ψ_1 和 ψ_2 是体系的可能状态，那么它们的线性叠加为

$$\psi=c_1\psi_1+c_2\psi_2 \quad (c_1,c_2\text{ 是任意常数}) \tag{2.1.14}$$

也是体系的一个可能状态，这就是态的叠加原理。这个原理在相对论情况下仍然适用，是量子力学中最基本的原理。一个量子体系所有可能的状态构成一个线性空间，称为态空间。

态空间中的波函数与具体的量子体系有关，原则上可以取体系的所有定态波函数作为一组基矢 $\{\psi_1,\psi_2,\cdots\}$，使得任意波函数 ψ 都可以表示为这组基矢的线性叠加，即

$$\psi=\sum_n c_n\psi_n,\quad \hat{H}\psi_n=E_n\psi_n \tag{2.1.15}$$

也可以说，态空间是由基矢 $\{\psi_1,\psi_2,\cdots\}$ 张成的。

态空间中的任意两个波函数可定义内积运算(标量积)

$$(\psi,\varphi)=\int_{\infty}\psi^{*}\varphi\mathrm{d}^{3}\boldsymbol{r} \tag{2.1.16}$$

如果 ψ_1 和 ψ_2 相互正交并且归一，则

$$(\psi_1,\psi_2)=\int_{\infty}\psi_1^{*}\psi_2\mathrm{d}^{3}\boldsymbol{r}=0$$

$$(\psi_1,\psi_1)=\int_{\infty}\psi_1^{*}\psi_1\mathrm{d}^{3}\boldsymbol{r}=1 \tag{2.1.17}$$

$$(\psi_2,\psi_2)=\int_{\infty}\psi_2^{*}\psi_2\mathrm{d}^{3}\boldsymbol{r}=1$$

那么两者的叠加 $c_1\psi_1+c_2\psi_2$ 表示体系既可能处于 ψ_1 态，也可能处于 ψ_2 态，相应的概率为

$$P(\psi_1)=\frac{|c_1|^2}{|c_1|^2+|c_2|^2},\quad P(\psi_2)=\frac{|c_2|^2}{|c_1|^2+|c_2|^2} \tag{2.1.18}$$

练习题 2-5：定义了内积运算的线性空间称为希尔伯特空间，根据内积的定义式，即式(2.1.16)，证明内积有如下数学性质：

$$(\psi,\psi)=\int_{\infty}|\psi|^2\mathrm{d}^{3}\boldsymbol{r}\geqslant 0$$

$$(\psi,\varphi)=(\varphi,\psi)^{*}$$

$$(\psi,\varphi_1+\varphi_2)=(\psi,\varphi_1)+(\psi,\varphi_2)$$

$$(c\psi,\varphi)=c^{*}(\psi,\varphi)$$

$$(\psi,c\varphi)=c(\psi,\varphi)$$

式中，c 是任意常数。

2.2 力学量算符

2.2.1 力学量由厄密算符描述

定义：厄密算符 $\hat{F}$ 是定义在态空间上的线性变换（线性算符），并且 $\hat{F}$ 和它的厄密共轭 $\hat{F}^{\dagger}$ 相等，满足以下等式：

$$\hat{F}(a\psi+b\varphi)=a\hat{F}\psi+b\hat{F}\varphi$$

$$(\psi,\hat{F}\varphi)=(\hat{F}^{\dagger}\psi,\varphi) \tag{2.2.1}$$

$$\hat{F}^{\dagger}=\hat{F}，即(\psi,\hat{F}\varphi)=(\hat{F}\psi,\varphi)$$

式中，ψ 和 φ 是任意波函数，a，b 是任意常数。

厄密算符 $\hat{F}$ 的本征方程为

$$\hat{F}\varphi=f\varphi \tag{2.2.2}$$

式中，非零函数 φ 称为 $\hat{F}$ 的本征函数，常数 f 为 $\hat{F}$ 的本征值。如果只有一个线性独立的本征函数与本征值 f 对应，则 f 是非简并的，相应的本征函数可记作 φ_f。如果有 $k\geqslant 2$ 个线性独立的本征函数与本征值 f 对应，则 f 为 k 度简并。

定理一：厄密算符的本征值都是实数。

证明：设厄密算符 $\hat{F}$ 有本征函数 φ 及其相应本征值 f。按照厄密算符定义，有等式

$$(\varphi,\hat{F}\varphi)=(\hat{F}\varphi,\varphi) \tag{2.2.3}$$

即

$$\int_\infty \varphi^* \hat{F}\varphi \mathrm{d}^3\boldsymbol{r}=\int_\infty (\hat{F}\varphi)^* \varphi \mathrm{d}^3\boldsymbol{r} \tag{2.2.4}$$

把 $\hat{F}\varphi=f\varphi$ 代入上式，可得

$$f\int_\infty \varphi^* \varphi \mathrm{d}^3\boldsymbol{r}=f^*\int_\infty \varphi^* \varphi \mathrm{d}^3\boldsymbol{r} \tag{2.2.5}$$

得证 $f=f^*$。

定理二：厄密算符属于不同本征值的本征函数相互正交。

证明：设厄密算符 $\hat{F}$ 有本征函数 φ_1，φ_2，分属于两个本征值 f_1，f_2。按照厄密算符定义，可得

$$\int_\infty \varphi_1^* \hat{F}\varphi_2 \mathrm{d}^3\boldsymbol{r}=\int_\infty (\hat{F}\varphi_1)^* \varphi_2 \mathrm{d}^3\boldsymbol{r} \tag{2.2.6}$$

把 $\hat{F}\varphi_1=f_1\varphi_1$，$\hat{F}\varphi_2=f_2\varphi_2$ 代入上式，可得

$$f_2\int_\infty \varphi_1^* \varphi_2 \mathrm{d}^3\boldsymbol{r}=f_1^*\int_\infty \varphi_1^* \varphi_2 \mathrm{d}^3\boldsymbol{r} \tag{2.2.7}$$

因厄密算符的本征值都是实数，故有

$$(f_2-f_1)\int_\infty \varphi_1^* \varphi_2 \mathrm{d}^3\boldsymbol{r}=(f_2-f_1)(\varphi_1,\varphi_2)=0 \tag{2.2.8}$$

显然，如果 $f_2\neq f_1$，则 φ_1，φ_2 内积为零，即相互正交，得证。

在量子力学中，力学量由厄密算符描述。常见的力学量算符有：

$$\begin{cases} \text{常数算符}:\hat{c}\psi=c\psi; \\ \text{坐标算符}:\hat{x}\psi=x\psi,\quad \hat{y}\psi=y\psi,\quad \hat{z}\psi=z\psi,\quad \hat{\boldsymbol{r}}\psi=\boldsymbol{r}\psi; \\ \text{势能算符}:\hat{V}\psi=V(\boldsymbol{r},t)\psi; \\ \text{动量算符}:\hat{\boldsymbol{p}}\psi=-\mathrm{i}\hbar\nabla\psi,\quad \hat{p}_x\psi=-\mathrm{i}\hbar\dfrac{\partial}{\partial x}\psi; \\ \text{动能算符}:\hat{T}=\dfrac{\hat{p}^2}{2\mu}=-\dfrac{\hbar^2}{2\mu}\nabla^2; \\ \text{能量算符}:\hat{H}=\hat{T}+\hat{V}=-\dfrac{\hbar^2}{2\mu}\nabla^2+V(\boldsymbol{r},t),\text{即哈密顿量。} \end{cases} \tag{2.2.9}$$

力学量算符的本征函数表征此力学量的取值是确定的状态,也称为本征态。例如,坐标算符的本征函数是 δ 函数,即 $\hat{x}\delta(x-x_0)=x_0\delta(x-x_0)$,显然,$\delta(x-x_0)$是粒子位置坐标为 x_0 的状态。又例如,动量算符的本征函数是平面波,$\hat{p}_x\mathrm{e}^{\mathrm{i}px/\hbar}=p\mathrm{e}^{\mathrm{i}px/\hbar}$,显然 $\mathrm{e}^{\mathrm{i}px/\hbar}$是粒子动量为 p 的状态,相应的物质波波长为 $\lambda=\dfrac{h}{p}$。

实验观测一个体系的力学量 $\hat{F}$(厄密算符),每次得到的测量值都是 $\hat{F}$ 的某一本征值。力学量 $\hat{F}$ 的可能取值、相应概率和平均值取决于体系所处的状态 ψ。

一般地,力学量 $\hat{F}$(厄密算符)所有线性独立的本征函数可以正交归一化,构成其本征函数族$\{\varphi_1,\varphi_2,\cdots,\varphi_n,\cdots\}$,可得

$$\hat{F}\varphi_n=f_n\varphi_n\quad(n=1,2,\cdots) \tag{2.2.10}$$

$$(\varphi_m,\varphi_n)=\int_\infty\varphi_m^*\varphi_n\,\mathrm{d}^3\boldsymbol{r}=\delta_{mn} \tag{2.2.11}$$

本征函数族具有完备性,可以作为态空间的基矢。将体系波函数 ψ 用力学量 $\hat{F}$ 的本征函数族$\{\varphi_1,\varphi_2,\cdots,\varphi_n,\cdots\}$展开,可得

$$\psi=\sum_n c_n\varphi_n \tag{2.2.12}$$

展开式两边用 φ_m 做内积,可得展开系数为

$$(\varphi_m,\psi)=(\varphi_m,\sum_n c_n\varphi_n)=\sum_n c_n(\varphi_m,\varphi_n)=\sum_n c_n\delta_{mn}=c_m \tag{2.2.13}$$

假设波函数 ψ 是归一化的,则有

$$(\psi,\psi)=\sum_n|c_n|^2=1 \tag{2.2.14}$$

体系处于本征态 φ_n 的概率为

$$P(\varphi_n)=|c_n|^2=|(\varphi_n,\psi)|^2 \tag{2.2.15}$$

力学量算符 $\hat{F}$ 在波函数 ψ 上的平均值为

$$\bar{F}=\sum_{n} f_n P(\varphi_n)=(\psi,\hat{F}\psi) \tag{2.2.16}$$

如果波函数 ψ 不归一化，但平方可积，则式(2.2.15)和式(2.2.16)表示为

$$P(\varphi_n)=\frac{|c_n|^2}{(\psi,\psi)}=\frac{|(\varphi_n,\psi)|^2}{(\psi,\psi)},\quad \bar{F}=\frac{(\psi,\hat{F}\psi)}{(\psi,\psi)} \tag{2.2.17}$$

上述讨论适用于本征值不连续(分立)的情况，也可以将其推广到本征值连续的情况。如果力学量 $\hat{F}$ 的本征值 f 是连续取值的，相应的本征函数 ψ_f 可以借助于 δ 函数实现正交归一化，即

$$\hat{F}\varphi_f=f\varphi_f \tag{2.2.18}$$

$$(\varphi_f,\varphi_{f'})=\int_\infty \varphi_f^* \varphi_{f'}\,\mathrm{d}^3\boldsymbol{r}=\delta(f-f') \tag{2.2.19}$$

将体系波函数 ψ 用 $\hat{F}$ 的本征函数族 $\{\varphi_f\}$ 展开，则

$$\psi=\int_\infty c(f)\varphi_f\,\mathrm{d}f \tag{2.2.20}$$

展开式(2.2.20)两边，并用 $\varphi_{f'}$ 做内积，可得展开系数为

$$(\varphi_{f'},\psi)=\left(\varphi_{f'},\int_\infty c(f)\varphi_f\,\mathrm{d}f\right)=\int_\infty c(f)\delta(f-f')\,\mathrm{d}f=c(f') \tag{2.2.21}$$

力学量 $\hat{F}$ 取值在 $f \sim f+\mathrm{d}f$ 范围内的概率为

$$w(f)\mathrm{d}f=\frac{|c(f)|^2}{(\psi,\psi)}\mathrm{d}f \tag{2.2.22}$$

力学量 $\hat{F}$ 在波函数 ψ 上的平均值为

$$\bar{F}=\int_\infty f\,\frac{|c(f)|^2}{(\psi,\psi)}\mathrm{d}f=\frac{(\psi,\hat{F}\psi)}{(\psi,\psi)} \tag{2.2.23}$$

练习题 2-6：证明力学量 $\hat{F}$ 在任意波函数 ψ 上的平均值是实数。

练习题 2-7：已知 $\{\varphi_1,\varphi_2,\cdots,\varphi_n,\cdots\}$ 是一组正交归一的完备基，对任意波函数 ψ，证明 $\psi'=\psi-(\varphi_n,\psi)\varphi_n$ 与 φ_n 正交。

练习题 2-8：动量算符 $\hat{p}_x$ 的本征函数为平面波函数 $\psi_p(x)=\frac{1}{\sqrt{2\pi\hbar}}\mathrm{e}^{\mathrm{i}p\cdot x/\hbar}$，验证正交归一关系式 $(\psi_p,\psi_{p'})=\delta(p-p')$。

练习题 2-9：已知粒子在 $t=0$ 时刻的波函数为 $\psi(\boldsymbol{r},0)$，证明任意时刻粒子处于定态波函数 $\psi_n(\boldsymbol{r})$ 上的概率为 $|(\psi_n(\boldsymbol{r}),\psi(\boldsymbol{r},0))|^2$。

练习题 2-10：一维运动粒子的波函数 $\psi=\left(\frac{\alpha}{\sqrt{\pi}}\right)^{\frac{1}{2}}\mathrm{e}^{-\frac{\alpha^2x^2}{2}}$，计算粒子动量的概率分布

$$w(p)=|(\psi_p,\psi)|^2$$

2.2.2 对易式与不确定原理

在量子力学中,力学量对应于厄密算符,而算符的乘积不再满足交换律,这与经典物理学中的运算规则显然不同。海森堡(Werner Heisenberg)首先认识到力学量乘积的不可交换对实验观测的影响,并于1927年提出了不确定原理(Uncertainty Principle),使得量子力学能自洽地解释来自经典物理学的诘难。

对于力学量 $\hat{A}$ 和 $\hat{B}$,两者的乘积 $\hat{A}\hat{B}$ 和 $\hat{B}\hat{A}$ 定义为

$$(\hat{A}\hat{B})\psi=\hat{A}(\hat{B}\psi),\quad (\hat{B}\hat{A})\psi=\hat{B}(\hat{A}\psi) \tag{2.2.24}$$

式中,ψ 是任意波函数。如果 $\hat{A}\hat{B}=\hat{B}\hat{A}$,则称 $\hat{A}$ 和 $\hat{B}$ 对易;如果 $\hat{A}\hat{B}\neq\hat{B}\hat{A}$,则称 $\hat{A}$ 和 $\hat{B}$ 不对易。为了方便运算,引入对易式,即

$$[\hat{A},\hat{B}]=\hat{A}\hat{B}-\hat{B}\hat{A} \tag{2.2.25}$$

坐标 $\hat{x},\hat{y},\hat{z}$ 和动量 $\hat{p}_x,\hat{p}_y,\hat{p}_z$ 的对易式称为基本对易式,特别地

$$[\hat{x},\hat{p}_x]=\mathrm{i}\hbar,\quad [\hat{y},\hat{p}_y]=\mathrm{i}\hbar,\quad [\hat{z},\hat{p}_z]=\mathrm{i}\hbar \tag{2.2.26}$$

定理一:相互对易的厄密算符有共同的本征函数族。

证明:设有两个厄密算符 $\hat{A}$ 和 $\hat{B}$,相互对易 $[\hat{A},\hat{B}]=0$,我们讨论如何构造出 $\hat{A}$ 和 $\hat{B}$ 共同的本征函数族。不妨假设已经求出 $\hat{A}$ 的所有正交归一的本征函数及相应本征值 $\{\varphi_{n\alpha},a_n\}$,则

$$\hat{A}\varphi_{n\alpha}=a_n\varphi_{n\alpha} \tag{2.2.27}$$

式中,α 表示本征值简并情况下对本征函数的标记序号。$\hat{A}$ 和 $\hat{B}$ 对易,易证

$$\hat{A}\hat{B}\varphi_{n\alpha}=\hat{B}\hat{A}\varphi_{n\alpha}=a_n\hat{B}\varphi_{n\alpha} \tag{2.2.28}$$

可见 $\hat{B}\varphi_{n\alpha}$ 仍然是 $\hat{A}$ 的本征函数,并且与 $\varphi_{n\alpha}$ 属于同一个本征值 a_n。

(1)如果 a_n 是非简并,对应有一个线性独立的本征函数,可记为 φ_n(序号 α 可省略)。$\hat{B}\varphi_n$ 和 φ_n 都是属于 a_n 的本征函数,一定是线性相关的,即

$$\hat{B}\varphi_n=b\varphi_n \tag{2.2.29}$$

所以,非简并态 φ_n 是 $\hat{A}$ 和 $\hat{B}$ 的共同本征函数。

(2)如果 a_n 是 k 度简并,对应有 k 个线性独立的本征函数,记为 $\varphi_{n\alpha}$,$\alpha=1,2,\cdots,k$。这 k 个本征函数张成一个子空间 κ,其中每一个波函数都是 $\varphi_{n\alpha}$ 的线性组合,即

$$\psi=\sum_{\alpha=1}^{k}c_\alpha\varphi_{n\alpha} \tag{2.2.30}$$

也同样是 $\hat{A}$ 的本征函数

$$\hat{A}\psi=\sum_{\alpha=1}^{k} c_\alpha \hat{A}\varphi_{n\alpha}=a_n\sum_{\alpha=1}^{k} c_\alpha\varphi_{n\alpha}=a_n\psi \tag{2.2.31}$$

子空间 κ 是 $\hat{A}$ 的所有属于本征值 a_n 的本征函数的全体集合。由于 $\hat{A}$ 和 $\hat{B}$ 对易，$\hat{B}\varphi_{n\alpha}$ 在 κ 中，$\hat{B}\psi$ 也在 κ 中，则

$$\hat{A}\hat{B}\psi=\hat{B}\hat{A}\psi=a_n\hat{B}\psi \tag{2.2.32}$$

这说明子空间 κ 对厄密算符 $\hat{B}$ 是封闭的。根据线性代数理论，一定可以在 κ 中找到 $\hat{B}$ 的本征函数，并且有 k 个，即

$$\hat{B}\psi_\beta=b_\beta\psi_\beta \quad (\beta=1,2,\cdots,k) \tag{2.2.33}$$

这些 ψ_β 是由 $\varphi_{n\alpha}$ 组合得到的，是 $\hat{A}$ 和 $\hat{B}$ 的共同本征函数。

综上所述，两个相互对易的厄密算符有共同的本征函数族。

定理一可推广：N 个力学量（厄密算符）如果两两对易，则它们有共同的本征函数族。一般地，可以在实验中制备出这 N 个力学量的共同本征态，使得每个力学量都有确定的值。或者说，实验中能够同时对这些力学量进行精确测量。特别地，如果有 N 个力学量两两对易，并且它们的所有共同本征态都非简并，即每个本征态都可以由一组本征值标记，则称这 N 个力学量为一组力学量完全集。

如果两个力学量（厄密算符）不对易，那么它们不可能有共同的本征函数族。例如，坐标和动量不对易，不存在两者的共同本征态。这说明一个粒子的坐标和动量不可能同时取确定的值，于是实验中无法同时精确测定粒子的坐标和动量。

不确定度：给定一个体系的波函数 ψ，如果 ψ 是力学量 $\hat{A}$ 的本征态，那么 $\hat{A}$ 就有确定的取值，反之如果 ψ 不是 $\hat{A}$ 的本征态，那么 $\hat{A}$ 的取值就是随机的、不确定的。类比实验测量中的标准偏差概念，定义力学量 $\hat{A}$ 在波函数 ψ 上的不确定度为 ΔA，则

$$\Delta A\equiv\sqrt{\overline{(\hat{A}-\overline{A})^2}}=\sqrt{\overline{\hat{A}^2}-\overline{A}^2} \tag{2.2.34}$$

定义式中的平均值都是在 ψ 上计算的。设想实验中制备了大量处于 ψ 态的体系，它们构成一个系综。测量这些体系的力学量 $\hat{A}$，并对结果做统计平均，就可以得到 $\hat{A}$ 的随机取值相对平均值的离散程度，即不确定度 ΔA。

不确定原理：对于任意两个力学量 $\hat{A}$ 和 $\hat{B}$，它们在任意波函数 ψ 上的不确定度都满足不确定关系式

$$\Delta A\Delta B\geqslant\frac{1}{2}\left|\overline{[\hat{A},\hat{B}]}\right| \tag{2.2.35}$$

证明:借助施瓦兹不等式导出不确定关系,对于任意两个波函数 f 和 g,必有施瓦兹不等式

$$(f,f)(g,g) \geqslant |(f,g)|^2 \tag{2.2.36}$$

要证明此不等式,可令

$$\varphi = f - \frac{(g,f)}{(g,g)} g \tag{2.2.37}$$

代入

$$(\varphi,\varphi) \geqslant 0 \tag{2.2.38}$$

即可得证。

令 $f=\hat{A}\psi$ 和 $g=\hat{B}\psi$,代入施瓦兹不等式中得

$$(\hat{A}\psi,\hat{A}\psi)(\hat{B}\psi,\hat{B}\psi) \geqslant |(\hat{A}\psi,\hat{B}\psi)|^2 \tag{2.2.39}$$

不等式(2.2.39)左侧为

$$(\hat{A}\psi,\hat{A}\psi)(\hat{B}\psi,\hat{B}\psi) = (\psi,\hat{A}^2\psi)(\psi,\hat{B}^2\psi) = \overline{A^2} \cdot \overline{B^2} \tag{2.2.40}$$

不等式(2.2.39)右侧为

$$\begin{aligned} |(\hat{A}\psi,\hat{B}\psi)|^2 &= |(\psi,\hat{A}\hat{B}\psi)|^2 = \left|\left(\psi, \frac{1}{2}(\{\hat{A},\hat{B}\} + [\hat{A},\hat{B}])\psi\right)\right|^2 \\ &= \frac{1}{4}|\overline{\{\hat{A},\hat{B}\}} + \overline{[\hat{A},\hat{B}]}|^2 \end{aligned} \tag{2.2.41}$$

式中,$[\hat{A},\hat{B}] = \hat{A}\hat{B} - \hat{B}\hat{A}$ 为对易式,其平均值是纯虚数,即

$$\overline{[\hat{A},\hat{B}]}^* = (\psi,[\hat{A},\hat{B}]\psi)^* = ([\hat{A},\hat{B}]\psi,\psi) = -(\psi,[\hat{A},\hat{B}]\psi) = -\overline{[\hat{A},\hat{B}]} \tag{2.2.42}$$

$\{\hat{A},\hat{B}\} = \hat{A}\hat{B} + \hat{B}\hat{A}$ 为反对易式,其平均值$\overline{\{\hat{A},\hat{B}\}}$是实数。复数的绝对值平方等于其实部和虚部的绝对值平方和,即

$$|(\hat{A}\psi,\hat{B}\psi)|^2 = \frac{1}{4}|\overline{[\hat{A},\hat{B}]}|^2 + \frac{1}{4}|\overline{\{\hat{A},\hat{B}\}}|^2 \geqslant \frac{1}{4}|\overline{[\hat{A},\hat{B}]}|^2 \tag{2.2.43}$$

将式(2.2.40)和式(2.2.43)代入式(2.2.39)中,可得

$$\overline{A^2} \cdot \overline{B^2} \geqslant \frac{1}{4}|\overline{[\hat{A},\hat{B}]}|^2 \tag{2.2.44}$$

因为式(2.2.44)对任意的厄密算符 $\hat{A}$ 和 $\hat{B}$ 都成立,可把式(2.2.44)中的 $\hat{A}$ 和 $\hat{B}$ 分别换成厄密算符 $\Delta\hat{A} = \hat{A} - \overline{A}$ 和 $\Delta\hat{B} = \hat{B} - \overline{B}$,即

$$\overline{(\Delta A)^2}\,\overline{(\Delta B)^2} \geqslant \frac{1}{4}|\overline{[\Delta\hat{A},\Delta\hat{B}]}|^2 = \frac{1}{4}|\overline{[\hat{A},\hat{B}]}|^2 \tag{2.2.45}$$

式(2.2.45)两边开方,得证不确定关系式。

坐标和动量的不确定关系：由于$[\hat{x},\hat{p}_x]=\mathrm{i}\hbar$，容易验证坐标 $\hat{x}$ 和动量 $\hat{p}_x$ 有不确定关系，即

$$\Delta x\Delta p_x\geqslant\frac{\hbar}{2} \tag{2.2.46}$$

此不等式对任意平方可积的波函数 ψ 都成立。显然，当 Δx 越小时，Δp_x 越大，反之亦然。例如，实验中测定到一个粒子的位置，如果测量精度很高，那么在测量完成的瞬时，粒子的坐标不确定度 Δx 很小，而该粒子动量的不确定度 Δp_x 必然很大。注意到$(\Delta p)^2=\overline{p_x^2}-\overline{p_x}^2$，这说明粒子在被测量过程中获得了很大的动能（扰动）。海森堡最开始提出的不确定原理，就是讨论测量误差和扰动的关系，所以也被译作“海森堡测不准原理”。

练习题 2-11：（布洛赫定理）设粒子在一维周期势场 $V(x+a)=V(x)$ 中运动，证明其定态波函数满足 $\psi(x+a)=\mathrm{e}^{\mathrm{i}Ka}\psi(x)$，其中 K 是常数。

2.3 角动量

2.3.1 轨道角动量

在经典力学中，粒子相对坐标原点的轨道角动量定义为位置矢量和动量的矢积，即 $\boldsymbol{L}=\boldsymbol{r}\times\boldsymbol{p}$。在量子力学中，角动量的定义式仍然成立，但坐标和动量由算符表示，即

$$\hat{\boldsymbol{L}}=\hat{\boldsymbol{r}}\times\hat{\boldsymbol{p}} \tag{2.3.1}$$

直角坐标系中的三个分量分别为

$$\hat{L}_x=y\hat{p}_z-z\hat{p}_y,\quad \hat{L}_y=z\hat{p}_x-x\hat{p}_z,\quad \hat{L}_z=x\hat{p}_y-y\hat{p}_x \tag{2.3.2}$$

可以验证它们都是厄密算符，并有对易式

$$[\hat{L}_x,\hat{L}_y]=\mathrm{i}\hbar\hat{L}_z,\quad [\hat{L}_y,\hat{L}_z]=\mathrm{i}\hbar\hat{L}_x,\quad [\hat{L}_z,\hat{L}_x]=\mathrm{i}\hbar\hat{L}_y \tag{2.3.3}$$

$\hat{L}_x,\hat{L}_y,\hat{L}_z$ 相互不对易，不存在这三个算符的共同本征函数族，因此一般不能同时测定轨道角动量的三个分量。

定义角动量平方算符为

$$\hat{L}^2=\hat{L}_x^2+\hat{L}_y^2+\hat{L}_z^2 \tag{2.3.4}$$

可以验证

$$[\hat{L}^2,\hat{L}_\alpha]=0,\quad \alpha=x,y,z \tag{2.3.5}$$

对易的力学量有共同的本征函数，所以 $\hat{L}^2$ 和角动量的任一分量能同时被精确测量。轨道角动量描述粒子相对坐标原点的转动，有两个自由度。一般选取 $\hat{L}^2$ 和 $\hat{L}_z$ 作为角动量

状态的力学量完全集，它们的共同本征函数族张成粒子的角动量态空间。

如图 2.3.1 所示，根据球坐标系与直角坐标系的变换关系

$$x = r\sin\theta\cos\varphi, \quad y = r\sin\theta\sin\varphi, \quad z = r\cos\theta \tag{2.3.6}$$

$$r = \sqrt{x^2 + y^2 + z^2}, \quad \cos\theta = \frac{z}{r}, \quad \tan\varphi = \frac{y}{x}$$

可得球坐标变量表示的角动量算符，即

$$\begin{aligned}
\hat{L}_x &= y\hat{p}_z - z\hat{p}_y = \mathrm{i}\hbar\left(\sin\varphi\frac{\partial}{\partial\theta} + \cot\theta\cos\varphi\frac{\partial}{\partial\varphi}\right) \\
\hat{L}_y &= z\hat{p}_x - x\hat{p}_z = \mathrm{i}\hbar\left(-\cos\varphi\frac{\partial}{\partial\theta} + \cot\theta\sin\varphi\frac{\partial}{\partial\varphi}\right) \\
\hat{L}_z &= x\hat{p}_y - y\hat{p}_x = -\mathrm{i}\hbar\frac{\partial}{\partial\varphi} \\
\hat{L}^2 &= \hat{L}_x^2 + \hat{L}_y^2 + \hat{L}_z^2 = -\hbar^2\left[\frac{1}{\sin\theta}\frac{\partial}{\partial\theta}\left(\sin\theta\frac{\partial}{\partial\theta}\right) + \frac{1}{\sin^2\theta}\frac{\partial^2}{\partial\varphi^2}\right]
\end{aligned} \tag{2.3.7}$$

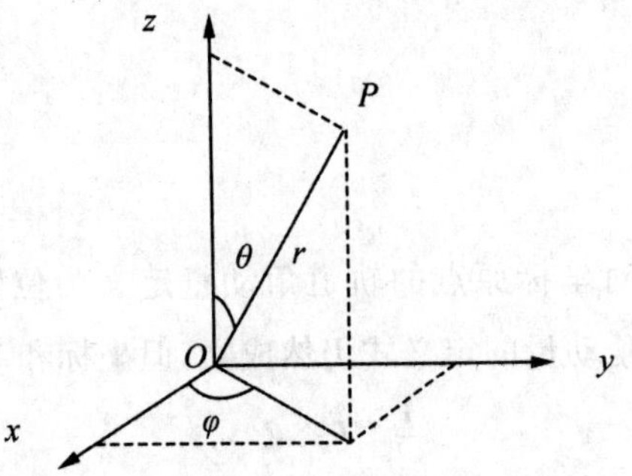

图 2.3.1　球坐标系与直角坐标系关系图

角动量算符只与角变量 θ,φ 有关，$\hat{L}^2$ 和 $\hat{L}_z$ 的本征函数可记作 $Y(\theta,\varphi)$，满足本征方程

$$\hat{L}_z Y(\theta,\varphi) = -\mathrm{i}\hbar\frac{\partial}{\partial\varphi}Y(\theta,\varphi) = \lambda_1 Y(\theta,\varphi) \tag{2.3.8}$$

$$\hat{L}^2 Y(\theta,\varphi) = -\hbar^2\left[\frac{1}{\sin\theta}\frac{\partial}{\partial\theta}\left(\sin\theta\frac{\partial}{\partial\theta}\right) + \frac{1}{\sin^2\theta}\frac{\partial^2}{\partial\varphi^2}\right]Y(\theta,\varphi) = \lambda_2 Y(\theta,\varphi) \tag{2.3.9}$$

并同时满足两个自然边界条件

$$\begin{aligned}
&Y(\theta,\varphi+2\pi) = Y(\theta,\varphi) \\
&Y(\theta,\varphi)\big|_{\theta=0,\pi} = \text{有限}
\end{aligned} \tag{2.3.10}$$

$\hat{L}_z$ 只与 φ 有关，其本征函数有分离变量的形式为

$$Y(\theta,\varphi)=\Theta(\theta)e^{i\lambda_1\varphi/\hbar} \tag{2.3.11}$$

考虑到周期边界条件 $Y(\theta,\varphi+2\pi)=Y(\theta,\varphi)$，可得本征值 $\lambda_1=m\hbar, m=0,\pm1,\pm2,\cdots$。$\hat{L}^2$ 的本征方程称为球函数方程，把上述分离变量的本征函数代入球函数方程中可得 $\Theta(\theta)$ 满足的方程，求解过程参见《数学物理方法》。只有当本征值 $\lambda_2=l(l+1)\hbar^2$，$l=|m|,|m|+1,\cdots$ 时，才有在 $\theta=0$ 和 $\theta=\pi$ 处取值有限的解，相应的本征函数一般写成复数形式的球函数，即

$$Y_{lm}(\theta,\varphi)=(-1)^{\frac{m+|m|}{2}}N_{lm}P_l^{|m|}(\cos\theta)e^{im\varphi} \quad (l=0,1,2,\cdots, \quad m=0,\pm1,\pm2,\cdots,\pm l) \tag{2.3.12}$$

其中，$P_l^{|m|}(\cos\theta)$ 是缔合勒让德多项式，$(-1)^{\frac{m+|m|}{2}}$ 是 Condon-Shortley 相位因子，N_{lm} 是归一化常数，使 $Y_{l,m}(\theta,\varphi)$ 满足归一化条件，即

$$(Y_{lm},Y_{lm})=\int_0^{\pi}\int_0^{2\pi}Y_{lm}^*(\theta,\varphi)Y_{lm}(\theta,\varphi)\sin\theta d\theta d\varphi=1 \tag{2.3.13}$$

因此，$\hat{L}^2$ 和 $\hat{L}_z$ 的共同本征函数为球函数，即

$$\hat{L}^2Y_{lm}(\theta,\varphi)=l(l+1)\hbar^2Y_{lm}(\theta,\varphi), \quad \hat{L}_zY_{lm}(\theta,\varphi)=m\hbar Y_{lm}(\theta,\varphi) \tag{2.3.14}$$

相应的本征值都是分立的，分别对应于量子数 l 和 m，l 称为角量子数，m 则称为磁量子数。给定一个 l 值，m 可以取 $2l+1$ 个值。一般称 $l=0$ 的态为 s 态，$l=1,2,3,\cdots$ 态为 p，d，f，…态。

在图 2.3.2 中，左边是前几个球函数的表达式，右边是其概率分布。图中，曲面上每个点与原点的距离 d 表示相应方位角上的球函数取值给出的概率，即 $d(\theta,\varphi)=|Y_{lm}(\theta,\varphi)|^2$。

$$Y_{00}=\frac{1}{\sqrt{4\pi}}$$

$$Y_{10}=\sqrt{\frac{3}{4\pi}}\cos\theta$$

$$Y_{1,\pm1}=\mp\sqrt{\frac{3}{8\pi}}\sin\theta e^{\pm i\varphi}$$

$$Y_{20}=\sqrt{\frac{5}{16\pi}}(3\cos^2\theta-1)$$

$$Y_{2,\pm1}=\mp\sqrt{\frac{15}{32\pi}}\sin2\theta e^{\pm i\varphi}$$

$$Y_{2,\pm2}=\sqrt{\frac{15}{32\pi}}\sin^2\theta e^{\pm2i\varphi}$$

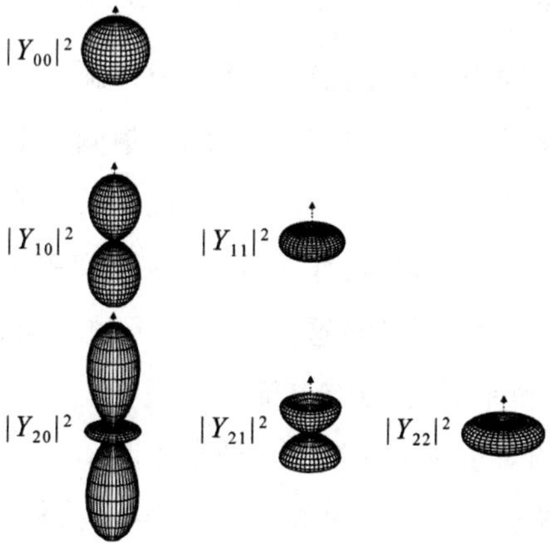

图 2.3.2　球函数及其概率分布

利用角动量各分量的对易式,可以导出 $\hat{L}_x,\hat{L}_y$ 对球函数的作用式。为了计算方便,定义角动量升、降算符为 $\hat{L}_\pm$,则

$$\hat{L}_\pm=\hat{L}_x\pm i\hat{L}_y \tag{2.3.15}$$

可证明(详见角动量的一般性质)

$$\hat{L}_\pm Y_{lm}=\hbar\sqrt{l(l+1)-m(m\pm 1)}\;Y_{l,m\pm 1} \tag{2.3.16}$$

于是可得

$$\begin{aligned}\hat{L}_x Y_{lm}&=\frac{1}{2}(\hat{L}_+ +\hat{L}_-)Y_{lm}=\frac{1}{2}[aY_{l,m+1}+bY_{l,m-1}]\\ \hat{L}_y Y_{lm}&=\frac{1}{2i}(\hat{L}_+ -\hat{L}_-)Y_{lm}=\frac{1}{2i}[aY_{l,m+1}-bY_{l,m-1}]\end{aligned} \tag{2.3.17}$$

$$a=\hbar\sqrt{l(l+1)-m(m+1)},\quad b=\hbar\sqrt{l(l+1)-m(m-1)}$$

练习题 2-12:球面上运动的粒子,已知其波函数为 $\psi=\sin\theta\cos\varphi$,将 ψ 用球函数展开,并讨论粒子角动量 $\hat{L}^2$ 和 $\hat{L}_z$ 的可能取值。

练习题 2-13:角动量 $\hat{L}_x,\hat{L}_y,\hat{L}_z$ 虽然不相互对易,但它们有且仅有一个共同的本征函数,试找出此本征函数。

2.3.2 自旋角动量

1925 年,为了解释当时原子光谱学中一些实验现象,例如反常塞曼效应和碱金属原子的双线结构,乌伦贝克和古德斯密特提出了电子自旋假设。他们认为:原子中的电子除了围绕原子核的轨道运动,还在做自转,因此既有轨道角动量,又有自旋角动量;电子自旋角动量取值是分立的,在任意方向的投影都只能取 $\pm\frac{\hbar}{2}$,同时自旋磁矩为 $\frac{e\hbar}{2m_e c}$(m_e 为电子质量)。

经典物理的类比无法解释电子自旋角动量的取值。如果把电子当作一个自转球体,其自旋角动量就是球体各组分的轨道角动量之和,取值应该是 $\hbar$ 的整数倍。另外,估算这个自转球体的赤道线速度会发现结果是超光速的。实际上,像电子和夸克这样的基本粒子,在理论上可以看作是点粒子,在实验上也没有显示出它们有内部结构,因此,自旋和质量、电荷一样都是这些基本粒子的内禀性质。由基本粒子组成的复合粒子,例如质子、中子和原子核,也有自旋角动量。复合粒子的自旋角动量可以看作是各组分的自旋和它们相对于质心的轨道角动量之和。

自旋角动量是矢量算符,用 $\hat{\boldsymbol{S}}=(\hat{S}_x,\hat{S}_y,\hat{S}_z)$ 标记,它和轨道角动量 $\hat{\boldsymbol{L}}=(\hat{L}_x,\hat{L}_y,\hat{L}_z)$ 有相同的代数性质,即

$$[\hat{S}_x,\hat{S}_y]=i\hbar\hat{S}_z,\quad [\hat{S}_y,\hat{S}_z]=i\hbar\hat{S}_x,\quad [\hat{S}_z,\hat{S}_x]=i\hbar\hat{S}_y \tag{2.3.18}$$

电子自旋各分量只能取值$\pm\frac{\hbar}{2}$，也就是说，$\hat{S}_x$，$\hat{S}_y$，$\hat{S}_z$ 的本征值是$\pm\frac{\hbar}{2}$，因此其平方算符都是常数算符，即

$$\hat{S}_x^2=\frac{\hbar^2}{4},\quad \hat{S}_y^2=\frac{\hbar^2}{4},\quad \hat{S}_z^2=\frac{\hbar^2}{4} \tag{2.3.19}$$

$$\hat{S}^2=\hat{S}_x^2+\hat{S}_y^2+\hat{S}_z^2=\frac{3}{4}\hbar^2 \tag{2.3.20}$$

$\hat{S}^2$ 的本征值可用 $s(s+1)\hbar^2$ 来表示，易见电子自旋量子数为 $s=\frac{1}{2}$。一般来说，粒子的自旋大小都由其自旋量子数 s 来表示的，例如质子和中子的自旋是$\frac{1}{2}$，核子数为奇数的原子核的自旋是半整数，核子数为偶数的原子核的自旋是整数。

$\hat{S}_z$ 的本征值可用 $m_s\hbar$ 表示，易见电子自旋磁量子数为 $m_s=\pm\frac{1}{2}$，分别对应了 $\hat{S}_z$ 的两个自旋本征态χ_{m_s}，则

$$\hat{S}_z\chi_{m_s}=m_s\hbar\,\chi_{m_s},\quad m_s=\pm\frac{1}{2} \tag{2.3.21}$$

这两个本征态也称作自旋向上的态$\chi_{1/2}$，和自旋向下的态$\chi_{-1/2}$，满足正交归一条件

$$(\chi_{m_s},\chi_{m_s'})=\delta_{m_s m_s'} \tag{2.3.22}$$

式中的内积是自旋态空间的内积。

定义升、降算符为

$$\hat{S}_\pm=\hat{S}_x\pm \mathrm{i}\hat{S}_y \tag{2.3.23}$$

利用自旋各分量的对易式，可证明（详见角动量的一般性质）

$$\begin{aligned}\hat{S}_\pm\chi_{m_s}&=\hbar\sqrt{s(s+1)-m_s(m_s\pm1)}\,\chi_{m_s\pm1}\\&=\hbar\sqrt{\frac{3}{4}-m_s(m_s\pm1)}\,\chi_{m_s\pm1}\end{aligned} \tag{2.3.24}$$

由此导出 $\hat{S}_\pm$，$\hat{S}_x$，$\hat{S}_y$ 对χ_{m_s}的作用式分别为

$$\hat{S}_+\chi_{1/2}=0,\quad \hat{S}_+\chi_{-1/2}=\hbar\,\chi_{1/2} \tag{2.3.25}$$

$$\hat{S}_-\chi_{1/2}=\hbar\chi_{-1/2},\quad \hat{S}_-\chi_{-1/2}=0 \tag{2.3.26}$$

$$\hat{S}_x\chi_{1/2}=\frac{\hbar}{2}\chi_{-1/2},\quad \hat{S}_x\chi_{-1/2}=\frac{\hbar}{2}\chi_{1/2} \tag{2.3.27}$$

$$\hat{S}_y\chi_{1/2}=\mathrm{i}\,\frac{\hbar}{2}\chi_{-1/2},\quad \hat{S}_y\chi_{-1/2}=-\mathrm{i}\,\frac{\hbar}{2}\chi_{1/2} \tag{2.3.28}$$

根据态的叠加原理，电子的自旋态总是可以表示成 $\hat{S}_z$ 的两个本征态的叠加，即

$$\chi = a\chi_{1/2} + b\chi_{-1/2} \tag{2.3.29}$$

显然，自旋态χ对应于两个叠加系数 a，b，可以写成列矩阵的形式：

$$\chi(S_z) = \begin{pmatrix} a \\ b \end{pmatrix} = a\boldsymbol{\alpha} + b\boldsymbol{\beta} \qquad \boldsymbol{\alpha} \equiv \begin{pmatrix} 1 \\ 0 \end{pmatrix} \qquad \boldsymbol{\beta} \equiv \begin{pmatrix} 0 \\ 1 \end{pmatrix} \tag{2.3.30}$$

以上称为 S_z 表象的自旋波函数，其中 $\boldsymbol{\alpha}$ 表示自旋向上的态$\chi_{1/2}$，$\boldsymbol{\beta}$ 表示自旋向下的态$\chi_{1/2}$。在 S_z 表象中，电子自旋角动量算符表示为 2×2 的方阵，即

$$\hat{\boldsymbol{S}}_x = \frac{\hbar}{2}\begin{pmatrix} 0 & 1 \\ 1 & 0 \end{pmatrix}, \quad \hat{\boldsymbol{S}}_y = \frac{\hbar}{2}\begin{pmatrix} 0 & -\mathrm{i} \\ \mathrm{i} & 0 \end{pmatrix}, \quad \hat{\boldsymbol{S}}_z = \frac{\hbar}{2}\begin{pmatrix} 1 & 0 \\ 0 & -1 \end{pmatrix} \tag{2.3.31}$$

这样，自旋算符对自旋态的运算可以方便地用矩阵运算来表征，例如

$$\hat{\boldsymbol{S}}_x\chi_{1/2} = \frac{\hbar}{2}\chi_{-1/2} \Leftrightarrow \hat{\boldsymbol{S}}_x\boldsymbol{\alpha} = \frac{\hbar}{2}\begin{pmatrix} 0 & 1 \\ 1 & 0 \end{pmatrix}\begin{pmatrix} 1 \\ 0 \end{pmatrix} = \frac{\hbar}{2}\begin{pmatrix} 0 \\ 1 \end{pmatrix} = \frac{\hbar}{2}\boldsymbol{\beta} \tag{2.3.32}$$

一般情况下，要同时考虑电子的位置空间状态和自旋状态，可以选取$(\hat{x},\hat{y},\hat{z},\hat{S}_z)$作为力学量完全集，于是电子的状态波函数是$(x,y,z,s_z)$的函数，即

$$\psi(x,y,z,s_z) \equiv \psi(\boldsymbol{r},s_z) \tag{2.3.33}$$

上式称之为$(\boldsymbol{r},s_z)$表象波函数。因为本征值 s_z 只取$\pm\frac{\hbar}{2}$，分别对应于 $\boldsymbol{\alpha}$ 态和 $\boldsymbol{\beta}$ 态，所以 $\psi(\boldsymbol{r},s_z)$可写成 $\boldsymbol{\alpha}$ 和 $\boldsymbol{\beta}$ 态的叠加，是二分量波函数，即

$$\psi(\boldsymbol{r},s_z) = \psi\left(\boldsymbol{r},\frac{\hbar}{2}\right)\boldsymbol{\alpha} + \psi\left(\boldsymbol{r},-\frac{\hbar}{2}\right)\boldsymbol{\beta} = \begin{pmatrix} \psi\left(\boldsymbol{r},\frac{\hbar}{2}\right) \\ \psi\left(\boldsymbol{r},-\frac{\hbar}{2}\right) \end{pmatrix} \tag{2.3.34}$$

如果在 $\boldsymbol{r}$ 处取一个体积元 $\mathrm{d}^3\boldsymbol{r}$，那么 $\left|\psi\left(\boldsymbol{r},\frac{\hbar}{2}\right)\right|^2\mathrm{d}^3\boldsymbol{r}$ 表示电子自旋向上并在 $\mathrm{d}^3\boldsymbol{r}$ 内出现的概率，而 $\left|\psi\left(\boldsymbol{r},-\frac{\hbar}{2}\right)\right|^2\mathrm{d}^3\boldsymbol{r}$ 表示电子自旋向下并在 $\mathrm{d}^3\boldsymbol{r}$ 内出现的概率。波函数的归一化条件为

$$\int_\infty \left(\left|\psi\left(\boldsymbol{r},\frac{\hbar}{2}\right)\right|^2 + \left|\psi\left(\boldsymbol{r},-\frac{\hbar}{2}\right)\right|^2\right)\mathrm{d}^3\boldsymbol{r} = 1 \tag{2.3.35}$$

练习题 2-14：泡利算符定义为 $\hat{\boldsymbol{\sigma}} = \frac{2}{\hbar}\hat{\boldsymbol{S}}$，在自旋 S_z 表象中，写出表示矩阵（泡利矩阵）σ_x，σ_y，σ_z，并验证

$$\sigma_x^2 = \sigma_y^2 = \sigma_z^2 = 1$$

$$\{\sigma_x,\sigma_y\} = \{\sigma_x,\sigma_z\} = \{\sigma_y,\sigma_z\} = 0$$

2.3.3 角动量的一般性质

轨道角动量和自旋角动量都源于三维空间的转动对称性，它们各分量的对易式有相同的代数形式，称为角动量基本对易式。为了更一般的讨论，我们用 $\hat{J}$ 来表示一个角动量，它可以是粒子的轨道角动量或者自旋角动量，也可以是两个角动量之和。$\hat{J}$ 的三个分量满足基本对易式，分别为

$$[\hat{J}_x,\hat{J}_y]=\mathrm{i}\hbar\hat{J}_z,\quad [\hat{J}_y,\hat{J}_z]=\mathrm{i}\hbar\hat{J}_x,\quad [\hat{J}_z,\hat{J}_x]=\mathrm{i}\hbar\hat{J}_y \tag{2.3.36}$$

本节从这些对易式出发，利用代数运算，讨论角动量本征值和本征态的一般性质。

定义平方算符为

$$\hat{J}^2=\hat{J}_x^2+\hat{J}_y^2+\hat{J}_z^2 \tag{2.3.37}$$

容易验证

$$[\hat{J}^2,\hat{J}_x]=0,\quad [\hat{J}^2,\hat{J}_y]=0,\quad [\hat{J}^2,\hat{J}_z]=0 \tag{2.3.38}$$

$\hat{J}^2$ 和 $\hat{J}_z$ 对易，有共同的本征态。将 $\hat{J}^2$ 的本征值记作 $\lambda\hbar^2$，将 $\hat{J}_z$ 的本征值记作 $m\hbar$，两者的共同本征态可记作 $\varphi_{\lambda,m}$，则

$$\hat{J}^2\varphi_{\lambda,m}=\lambda\hbar^2\varphi_{\lambda,m},\quad \hat{J}_z\varphi_{\lambda,m}=m\hbar\varphi_{\lambda,m} \tag{2.3.39}$$

当然，量子数 λ 和 m 是待定的。

定义升、降算符为

$$\hat{J}_\pm=\hat{J}_x\pm\mathrm{i}\hat{J}_y \tag{2.3.40}$$

容易验证

$$[\hat{J}^2,\hat{J}_\pm]=0,\quad [\hat{J}_z,\hat{J}_\pm]=\pm\hbar\hat{J}_\pm \tag{2.3.41}$$

利用上述对易式可证明 $\hat{J}_\pm\varphi_{\lambda,m}$ 满足以下方程，即

$$\hat{J}^2(\hat{J}_\pm\varphi_{\lambda,m})=\hat{J}_\pm(\hat{J}^2\varphi_{\lambda,m})=\hat{J}_\pm(\lambda\hbar^2\varphi_{\lambda,m})=\lambda\hbar^2(\hat{J}_\pm\varphi_{\lambda,m}) \tag{2.3.42}$$

$$\begin{aligned}\hat{J}_z(\hat{J}_\pm\varphi_{\lambda,m})&=([\hat{J}_z,\hat{J}_\pm]+\hat{J}_\pm\hat{J}_z)\varphi_{\lambda,m}\\&=\pm\hbar\hat{J}_\pm\varphi_{\lambda,m}+\hat{J}_\pm m\hbar\varphi_{\lambda,m}\\&=(m\pm1)\hbar(\hat{J}_\pm\varphi_{\lambda,m})\end{aligned} \tag{2.3.43}$$

显然，如果 $\hat{J}_\pm\varphi_{\lambda,m}$ 不等于零，那么 $\hat{J}_\pm\varphi_{\lambda,m}$ 就是 $\hat{J}^2$ 和 $\hat{J}_z$ 的本征态，相应的本征值分别为 $\lambda\hbar^2$ 和 $(m\pm1)\hbar$，这意味着

$$\hat{J}_\pm\varphi_{\lambda,m}=A_\pm\varphi_{\lambda,m\pm1} \tag{2.3.44}$$

式(2.3.44)是 $\hat{J}_\pm$ 之所以被称为升、降算符的原因，其中 $A_\pm$ 是待定常数。

在给定 λ 的情况下，角动量的大小有限，其 z 分量 $\hat{J}_z$ 的本征值也是有限的，因此量子数 m 有上下限，上限记作 j，下限记作 j'。于是，必然有两个特殊的本征态 $\varphi_{\lambda,j}$ 和 $\varphi_{\lambda,j'}$，它们分别被升算符和降算符作用后变成零，即

$$\hat{J}_+\varphi_{\lambda,j}=0 \tag{2.3.45}$$

$$\hat{J}_-\varphi_{\lambda,j'}=0 \tag{2.3.46}$$

将 $\hat{J}_-$ 作用于式(2.3.45)的两边，得到

$$\hat{J}_-\hat{J}_+\varphi_{\lambda,j}=0 \tag{2.3.47}$$

代入等式

$$\hat{J}_-\hat{J}_+=(\hat{J}_x-\mathrm{i}\hat{J}_y)(\hat{J}_x+\mathrm{i}\hat{J}_y)=\hat{J}_x^2+\hat{J}_y^2+\mathrm{i}[\hat{J}_x,\hat{J}_y]=\hat{J}^2-\hat{J}_z^2-\hbar\hat{J}_z \tag{2.3.48}$$

可得

$$(\hat{J}^2-\hat{J}_z^2-\hbar\hat{J}_z)\varphi_{\lambda,j}=[\lambda-j^2-j]\hbar^2\varphi_{\lambda,j}=0 \tag{2.3.49}$$

于是可得

$$\lambda=j^2+j=j(j+1) \tag{2.3.50}$$

将 $\hat{J}_+$ 作用于式(2.3.46)的两边，得到

$$\hat{J}_+\hat{J}_-\varphi_{\lambda,j'}=0 \tag{2.3.51}$$

代入等式

$$\hat{J}_+\hat{J}_-=(\hat{J}_x+\mathrm{i}\hat{J}_y)(\hat{J}_x-\mathrm{i}\hat{J}_y)=\hat{J}_x^2+\hat{J}_y^2-\mathrm{i}[\hat{J}_x,\hat{J}_y]=\hat{J}^2-\hat{J}_z^2+\hbar\hat{J}_z \tag{2.3.52}$$

可得

$$(\hat{J}^2-\hat{J}_z^2+\hbar\hat{J}_z)\varphi_{\lambda,j'}=[\lambda-j'^2+j']\hbar^2\varphi_{\lambda,j'}=0 \tag{2.3.53}$$

于是可得

$$\lambda=j'^2-j'=j'(j'-1) \tag{2.3.54}$$

联立式(2.3.50)和式(2.3.54)可得

$$j(j+1)-j'(j'-1)=(j+j')(j+1-j')=0 \tag{2.3.55}$$

由于下限 j' 不可能大于上限 j，因此 $j'=-j$，并且 $j\geqslant 0$。

根据式(2.3.43)，升算符 $\hat{J}_+$ 作用于 $\varphi_{\lambda,-j}$ 得到 $\varphi_{\lambda,-j+1}$，再次作用得到 $\varphi_{\lambda,-j+2}$，以此类推，我们就得到量子数 $m=-j,-j+1,-j+2,\cdots$ 的一系列本征态。假设经过 N 次作用得到 $\varphi_{\lambda,-j+N}$ 并且 $-j+N>j-1$ 刚好成立，那么必有

$$\hat{J}_+\varphi_{\lambda,-j+N}=0 \tag{2.3.56}$$

否则 $\hat{J}_+\varphi_{\lambda,-j+N}$ 将是量子数 $m=-j+N+1>j$ 的本征态，矛盾。联立式(2.3.45)和式(2.3.56)，可知 $-j+N=j$，也即 $j=\dfrac{N}{2}$。N 如果是偶数，则 j 为整数；N 如果是奇数，则 j 为半整数。

由式(2.3.50)可知，λ 和 j 是一一对应的，$\hat{J}^2$ 的本征值可直接写成 $j(j+1)\hbar^2$，本征态也可由量子数 j,m 来标记。于是有

$$\hat{J}^2\varphi_{jm}=j(j+1)\hbar^2\varphi_{jm},\quad \hat{J}_z\varphi_{jm}=m\hbar\varphi_{jm} \tag{2.3.57}$$

式中，$j=0,\frac{1}{2},1,\frac{3}{2},\cdots,m=-j,-j+1,\cdots,j-1,j$。

现在来计算升降算符作用式(2.3.44)中的待定系数 $A_\pm$，用量子数 j,m 标记，即

$$\hat{J}_\pm\varphi_{jm}=A_\pm\varphi_{j,m\pm1} \tag{2.3.58}$$

等式两边各与其自身做内积可得

$$(\hat{J}_\pm\varphi_{jm},\hat{J}_\pm\varphi_{j,m})=(A_\pm\varphi_{j,m\pm1},A_\pm\varphi_{j,m\pm1})=|A_\pm|^2 \tag{2.3.59}$$

注意 $\hat{J}_\pm$ 的厄密共轭是 $\hat{J}_\mp$，同时利用式(2.3.48)和式(2.3.52)可得

$$\begin{aligned}(\hat{J}_\pm\varphi_{jm},\hat{J}_\pm\varphi_{j,m})&=(\varphi_{jm},\hat{J}_\mp\hat{J}_\pm\varphi_{j,m})\\&=(\varphi_{jm},(\hat{J}^2-\hat{J}_z^2\mp\hbar\hat{J}_z)\varphi_{j,m})\\&=[j(j+1)-m(m\pm1)]\hbar^2\end{aligned} \tag{2.3.60}$$

于是

$$\begin{aligned}|A_\pm|^2&=[j(j+1)-m(m\pm1)]\hbar^2\\A_\pm&=e^{i\delta_\pm}\hbar\sqrt{j(j+1)-m(m\pm1)}\end{aligned} \tag{2.3.61}$$

式中，$\delta_\pm$ 是实数，表示一个不确定的相位。按照 Condon-Shortley 约定的规则，相位因子 $e^{i\delta_\pm}$ 被合并到波函数中(例如球函数的定义中有相位因子 $(-1)^{\frac{m+|m|}{2}}$)，从而使 $A_\pm$ 取正实数，于是给出升、降算符作用式的最终形式，即

$$\hat{J}_\pm\varphi_{jm}=\hbar\sqrt{j(j+1)-m(m\pm1)}\,\varphi_{j,m\pm1} \tag{2.3.62}$$

2.4　中心力场和氢原子

中心力场是指粒子在任意点所受力都指向同一个中心点。以这个中心点为坐标原点，取球坐标系，势函数 $V(\boldsymbol{r})=V(r)$，只与 r 有关。粒子在中心力场中的哈密顿量及定态方程，为

$$\hat{H}=-\frac{\hbar^2}{2\mu}\nabla^2+V(r) \tag{2.4.1}$$

$$\hat{H}\psi=\left(-\frac{\hbar^2}{2\mu}\nabla^2+V(r)\right)\psi=E\psi \tag{2.4.2}$$

容易验证,$\hat{H}$,$\hat{L}^2$,$\hat{L}_z$ 相互对易,中心力场中轨道角动量守恒。$\hat{H}$,$\hat{L}^2$,$\hat{L}_z$ 有共同的本征函数族,所以定态波函数可以写成分离变量的形式,即

$$\psi(r,\theta,\varphi)=R(r)Y_{lm}(\theta,\varphi) \tag{2.4.3}$$

其中,角坐标的函数就是球函数,径向坐标的函数称为径向函数。将式(2.4.3)代入定态方程中,可得径向方程为

$$\frac{1}{r^2}\frac{\mathrm{d}}{\mathrm{d}r}\left(r^2\frac{\mathrm{d}R}{\mathrm{d}r}\right)+\left[\frac{2\mu}{\hbar^2}(E-V(r))-\frac{l(l+1)}{r^2}\right]R=0 \tag{2.4.4}$$

令 $R(r)=\frac{u(r)}{r}$ 代入径向方程,可简化为

$$\frac{\mathrm{d}^2u(r)}{\mathrm{d}r^2}+\left[\frac{2\mu}{\hbar^2}(E-V(r))-\frac{l(l+1)}{r^2}\right]u(r)=0 \tag{2.4.5}$$

氢原子是由原子核和电子组成的两体系统,可以解析求解,其运动可分解为整体的质心运动和电子相对原子核的运动,后者决定了氢原子的内部状态。电子和原子核间的库仑作用只与它们的距离有关,其相对运动为中心力场中的运动,哈密顿量为

$$\hat{H}=-\frac{\hbar^2}{2\mu}\nabla^2+V(r)=-\frac{\hbar^2}{2\mu}\nabla^2-\frac{\mathrm{e}_s^2}{r} \tag{2.4.6}$$

式中,$\mu=\frac{m_\mathrm{e}m_\mathrm{N}}{(m_\mathrm{e}+m_\mathrm{N})}$是电子和原子核的折合质量,由于 $m_\mathrm{N}\gg m_\mathrm{e}$,可做近似 $\mu\simeq m_\mathrm{e}$。$\mathrm{e}_s=\frac{\mathrm{e}}{\sqrt{4\pi\varepsilon_0}}$相当于静电单位制中电子的电量。氢原子径向方程为

$$\frac{\mathrm{d}^2u(r)}{\mathrm{d}r^2}+\left[\frac{2\mu}{\hbar^2}\left(E+\frac{\mathrm{e}_s^2}{r}\right)-\frac{l(l+1)}{r^2}\right]u(r)=0 \tag{2.4.7}$$

当 $E>0$ 时,无论 E 取任何值,径向方程都有解,这时定态能量是连续谱,定态波函数是非束缚态,电子可离开原子核运动至无穷远,描述为电离态。当 $E<0$ 时,径向方程存在束缚态解,即 $R(\infty)=0$,这时定态能量 E 是分立谱,具体解为

$$E_n=-\frac{\mu\mathrm{e}_s^4}{2\hbar^2n^2}=-\frac{\mathrm{e}_s^2}{2a_\mu}\cdot\frac{1}{n^2},\quad(n=1,2,3,\cdots)$$

$$\psi_{nlm}(r,\theta,\varphi)=R_{nl}(r)Y_{lm}(\theta,\varphi) \tag{2.4.8}$$

$$R_{nl}(r)=N_{nl}\mathrm{e}^{-\frac{r}{na_\mu}}\left(\frac{2r}{na_\mu}\right)^lF\left(l+1-n,2l+2,\frac{2r}{na_\mu}\right)$$

式中,n 为主量子数;角量子数 $l=0,1,2,\cdots,n-1$;$m=0,\pm1,\cdots,\pm l$;$a_\mu=\hbar^2/\mu\mathrm{e}_s^2$,近似等于玻尔半径 $a_0=\hbar^2/m_\mathrm{e}\mathrm{e}_s^2$。$F(\alpha,\gamma,\xi)$是合流超几何函数,即

$$F(\alpha,\gamma,\xi)=1+\sum_{k=1}^{\infty}\frac{\alpha(\alpha+1)\cdots(\alpha+k-1)\xi^k}{\gamma(\gamma+1)\cdots(\gamma+k-1)k!} \tag{2.4.9}$$

在这里，$\alpha=l+1-n=-n_r$ 是负整数，使得合流超几何函数退化为 n_r 阶多项式。N_{nl} 是径向波函数的归一化常数，使得波函数满足归一化条件，即

$$(\psi_{nlm},\psi_{nlm})=\int_{\infty}\psi_{nlm}^{*}\psi_{nlm}r^2\mathrm{d}r\,\mathrm{d}\Omega=\int_0^{\infty}R_{nl}^2r^2\mathrm{d}r=1 \tag{2.4.10}$$

类氢原子 He^+，Li^{2+}，Be^{3+} 和氢原子相似，都是电子和原子核组成的两体问题，区别主要在于原子核的原子序数 $Z>1$。类氢原子的哈密顿量为

$$\hat{H}=-\frac{\hbar^2}{2\mu}\nabla^2-\frac{Z\mathrm{e}_s^2}{r}=-\frac{\hbar^2}{2\mu}\nabla^2-\frac{\mathrm{e}_Z^2}{r} \tag{2.4.11}$$

式中，$\mathrm{e}_Z=\sqrt{Z}\,\mathrm{e}_s$。把氢原子定态能量和波函数中的 e_s 替换为 e_Z，就得到类氢原子的解为

$$\begin{gathered}E_n=-\frac{\mu\mathrm{e}_Z^4}{2\hbar^2n^2}=-\frac{\mu\mathrm{e}_s^4}{2\hbar^2n^2}Z^2=-\frac{\mathrm{e}_s^2}{2a_\mu}\cdot\frac{Z^2}{n^2}\quad(n=1,2,3,\cdots)\\ \psi_{nlm}(r,\theta,\varphi)=R_{nl}(r)Y_{lm}(\theta,\varphi)\\ R_{nl}(r)=N_{nl}\mathrm{e}^{-\frac{Zr}{na_\mu}}\left(\frac{2Zr}{na_\mu}\right)^lF\left(l+1-n,2l+2,\frac{2Zr}{na_\mu}\right)\end{gathered} \tag{2.4.12}$$

定态波函数 $\psi_{nlm}(r,\theta,\varphi)$ 是 $\hat{H}$，$\hat{L}^2$，$\hat{L}_z$ 的共同本征函数，满足正交归一条件，即

$$(\psi_{nlm},\psi_{n'l'm'})=\int_{r=0}^{\infty}\int_{\theta=0}^{\pi}\int_{\varphi=0}^{2\pi}\psi_{nlm}^{*}\psi_{n'l'm'}r^2\sin\theta\,\mathrm{d}r\,\mathrm{d}\theta\,\mathrm{d}\varphi=\delta_{nn'}\delta_{ll'}\delta_{mm'} \tag{2.4.13}$$

需要注意，ψ_{nlm} 是束缚态，只是定态方程的一部分解，不构成完备的函数族。由于 ψ_{nlm} 与 n,l,m 三个量子数有关，而能级 E_n 只与 n 有关，故 E_n 是简并的。给定一个 n，l 可取 0，1，2，…，$n-1$，而对应一个 l，m 可取 $2l+1$ 个值，因此，E_n 能级的简并度为

$$\sum_{l=0}^{n-1}(2l+1)=n^2 \tag{2.4.14}$$

E_n 随着 n 的增大而无限接近于 0，有无限多个分立的能级。$n=1$ 是体系能量最低态，称为基态。氢原子的基态是 ψ_{100}，能级是 $E_1=-13.6\ \mathrm{eV}$。当 $n=\infty$ 时，$E_\infty=0$，电子不再被束缚在原子核周围，即电离。能量之差 $E_\infty-E_1=13.6\ \mathrm{eV}$，称为氢原子的电离能。

练习题 2-15：氢原子中电子既有轨道运动也有自旋运动，不考虑轨道角动量和自旋角动量的耦合作用，氢原子的定态波函数可写成 $\psi_{nlm}(r,\theta,\varphi)\chi_{m_s}(s_z)$，是 $\hat{H}$，$\hat{L}^2$，$\hat{L}_z$，$\hat{S}_z$ 的共同本征函数。若已知氢原子波函数为

$$\psi(r,s_z)=\begin{pmatrix}\dfrac{1}{\sqrt{2}}\psi_{100}-\dfrac{1}{2}\psi_{211}\\ \dfrac{1}{2}\psi_{211}\end{pmatrix}$$

试将 ψ 用上述定态波函数展开，并说明 $\hat{H}$，$\hat{L}^2$，$\hat{L}_z$，$\hat{S}_z$ 的可能取值和相应概率。

2.5 全同性原理

2.5.1 全同粒子和全同性原理

全同粒子是指质量、电荷、自旋等内禀属性完全相同的粒子。例如，两个电子是全同的，两个光子也是全同的。经典物理认为粒子有确定的运动轨道，可以通过测定位置和动量来区分两个全同粒子。量子力学摒弃了轨道概念，而且粒子的位置和动量只能精确测定其中一个。当两个全同粒子在同一个区域内运动时，如果我们测量其位置概率分布，结果只能得到两个粒子整体的概率分布，这是因为在某位置出现的粒子无法确定是两者中的哪一个，即全同粒子是不可区分的。

全同性原理：全同粒子体系的状态具有粒子交换对称性。因为全同粒子体系的所有可观测量都描述其整体性质，所以交换任意两个粒子不影响观测结果，与交换前的状态相同。

一个由 N 个全同粒子组成的体系，为了方便在$(\boldsymbol{r},s_z)$表象中描述，假设可以给每个粒子编号，以 $q_i=(\boldsymbol{r}_i,s_{iz})$表示第 i 个粒子的坐标（包括位置和自旋），那么体系波函数是 N 个 q 坐标的函数 $\psi(q_1,q_2,\cdots,q_N)$。为了讨论交换对称性，定义粒子交换算符 $\hat{P}_{ij}$，则有

$$\hat{P}_{ij}\psi(q_1,\cdots,q_i,\cdots,q_j,\cdots,q_N)\equiv\psi(q_1,\cdots,q_j,\cdots,q_i,\cdots,q_N) \tag{2.5.1}$$

式(2.5.1)表示将粒子 i 和粒子 j 的坐标做交换($i\neq j$)。根据全同性原理，交换后的波函数与交换前的波函数描述相同的状态，即

$$\hat{P}_{ij}\psi(q_1,\cdots,q_i,\cdots,q_j,\cdots,q_N)=C\psi(q_1,\cdots,q_i,\cdots,q_j,\cdots,q_N) \tag{2.5.2}$$

式中，C 是常数乘子，可见全同粒子体系的波函数是 $\hat{P}_{ij}$ 的本征函数。等式两边用 $\hat{P}_{ij}$ 再次作用，即

$$\hat{P}_{ij}^2\psi(q_1,\cdots,q_i,\cdots,q_j,\cdots,q_N)=C^2\psi(q_1,\cdots,q_i,\cdots,q_j,\cdots,q_N) \tag{2.5.3}$$

由定义式(2.5.1)易见，$\hat{P}_{ij}^2=1$，所以 $C^2=1$，即本征值 $C=\pm1$。因此，全同粒子体系的波函数有两类交换对称性，分别为

$$\begin{aligned}\hat{P}_{ij}\psi&=+\psi\\ \hat{P}_{ij}\psi&=-\psi\end{aligned} \tag{2.5.4}$$

本征值$+1$的称为交换对称波函数，本征值-1的称为交换反对称波函数。

实验表明,波函数的交换对称性与粒子的自旋相关。自旋为整数的粒子($s=0,1,2,\cdots$),其全同粒子体系的波函数是交换对称的,在热力学中遵守玻色统计,因而称为玻色子,例如光子和介子。自旋为半整数的粒子($s=\frac{1}{2},\frac{3}{2},\cdots$),其全同粒子体系的波函数是交换反对称的,在热力学中遵守费米统计,因而称为费米子,例如电子、质子和中子。粒子自旋与统计的关系可以在相对论量子理论中得到理论证明,称为自旋统计定理。

2.5.2　单粒子态构造全同粒子体系波函数

考虑粒子间没有相互作用的情况,这时全同粒子体系中的每个粒子都在相同外场中做独立的运动,它们各自的哈密顿量形式相同,即

$$\hat{h}(q)=-\frac{\hbar^2}{2\mu}\nabla^2+V(q) \tag{2.5.5}$$

称为单粒子哈密顿量,其本征方程即单粒子的定态方程为

$$\hat{h}(q)\varphi_n(q)=\varepsilon_n\varphi_n(q)\quad(n=1,2,\cdots) \tag{2.5.6}$$

本征函数 $\varphi_n(q)$都已正交归一化,称为单粒子态,ε_n 为单粒子能量。

体系总的哈密顿量是 $\hat{H}(q_i)$的和,即

$$\hat{H}=\sum_{i=1}^{N}\hat{h}(q_i) \tag{2.5.7}$$

虽然很容易写出定态方程 $\hat{H}\psi=E\psi$ 的分离变量解为 $\varphi_{n1}(q_1)\varphi_{n2}(q_2)\cdots\varphi_{nN}(q_N)$,但这些波函数可能没有交换对称性,不符合全同性原理。显然,交换任意两个粒子的坐标,哈密顿量 $\hat{H}$ 不变,粒子交换算符 $\hat{P}_{ij}$ 与 $\hat{H}$ 对易。体系的定态波函数是 $\hat{P}_{ij}$ 与 $\hat{H}$ 的共同本征函数,应该由分离变量解线性组合得到。

费米子体系的定态波函数是交换反对称的,由下面的 Slater 行列式构造出来,即

$$\psi^{A}_{n_1n_2\cdots n_N}=\frac{1}{\sqrt{N!}}\begin{vmatrix}\varphi_{n_1}(q_1) & \varphi_{n_1}(q_2) & \cdots & \varphi_{n_1}(q_N)\\ \varphi_{n_2}(q_1) & \varphi_{n_2}(q_2) & \cdots & \varphi_{n_2}(q_N)\\ \vdots & \vdots & \ddots & \vdots\\ \varphi_{n_N}(q_1) & \varphi_{n_N}(q_2) & \cdots & \varphi_{n_N}(q_N)\end{vmatrix} \tag{2.5.8}$$

式中,$\frac{1}{\sqrt{N!}}$是归一化系数。每给定 N 个单粒子态 $\varphi_{n_1},\varphi_{n_2},\cdots,\varphi_{n_N}$,就可以构成一个反对称波函数。注意,这 N 个单粒子态必须各不相同,假若有两个相同,那么行列式中就有两个相同的行,因而行列式为零,没有物理意义。这意味着,费米子体系中任意两个粒子不能处于同一个单粒子态,否则不符合全同性原理,这就是著名的泡利不相容原理。

玻色子体系不受泡利不相容原理的约束,允许多个粒子处于同一个单粒子态。给定

一个分离变量解 $\varphi_{n_1}(q_1)\varphi_{n_2}(q_2)\cdots\varphi_{n_N}(q_N)$ 作为初始排列，原则上可以通过粒子坐标的交换得到 $N!$ 个坐标排列所对应的波函数。但是考虑到 $\varphi_{n_1},\varphi_{n_2},\cdots,\varphi_{n_N}$ 中可能有部分单粒子态是相同的，而当两个粒子处于同一个单粒子态时，交换其坐标得到的波函数不变，因此通过排列粒子坐标给出的相互独立的波函数的数目 $K\leqslant N!$。交换对称的体系波函数由下式构成，即

$$\psi^{S}_{n_1n_2\cdots n_N}=\frac{1}{\sqrt{K}}\sum_{P_{\text{eff}}}P_{\text{eff}}\{\varphi_{n_1}(q_1)\varphi_{n_2}(q_2)\cdots\varphi_{n_N}(q_N)\}\tag{2.5.9}$$

式中，P_{eff} 表示对粒子坐标的有效排列，通过交换不同单态上的粒子坐标给出，这样只对 K 个相互独立(正交归一)的波函数进行求和，最后由 $\frac{1}{\sqrt{K}}$ 进行归一化。

通过式(2.5.8)和式(2.5.9)构造出满足全同原理的两类波函数，分别作为费米子体系和玻色子体系的基矢。无论粒子间有没有相互作用，我们都可以用这些基矢去讨论求解全同粒子体系的定态问题。

练习题 2-16：$N=3$ 个全同粒子组成的体系，设有三个单粒子态 $\varphi_1,\varphi_2,\varphi_3$，试分别构造出体系的交换对称波函数和反对称波函数。

练习题 2-17：N 个全同玻色子组成的体系，有两个单粒子态 φ_1,φ_2 构造体系的波函数。已知 n_1 个粒子处于 φ_1 态，n_2 个粒子处于 φ_2 态，并且 $N=n_1+n_2$，试证明式(2.5.9)中有效排列个数 $K=\frac{N!}{n_1!\ n_2!}$。

2.6 定态微扰理论和变分法

对于具体物理问题的薛定谔方程，可以精确求解的很少，只能求近似解。本节主要介绍两种求解定态方程的近似方法——定态微扰理论和变分法。

2.6.1 定态微扰理论

微扰理论可分成求定态方程的定态微扰理论和求含时薛定谔方程的微扰跃迁理论，它们都是幂级数展开方法的应用。这里以非简并定态微扰为例介绍这种近似方法。

假设系统的总能量分成两部分，即

$$\hat{H}=\hat{H}_0+\hat{H}'\tag{2.6.1}$$

其中 $\hat{H}'$ 是微扰项,远小于非微扰项 $\hat{H}_0$。$\hat{H}_0$ 的本征值和本征函数记作 $E_n^{(0)}$,$\psi_n^{(0)}$,则可得

$$\hat{H}_0\psi_n^{(0)}=E_n^{(0)}\psi_n^{(0)} \tag{2.6.2}$$

这是没有微扰项时的解。微扰 $\hat{H}'$ 使体系的能级和波函数发生改变,但 $\hat{H}'$ 是个小量,所以能级和波函数的变化应该不大。我们可以设想在 $E_n^{(0)}$,$\psi_n^{(0)}$ 基础上做修正,进而得到 $\hat{H}$ 的本征值和本征函数 E_n,ψ_n,即

$$\hat{H}\psi_n=E_n\psi_n \tag{2.6.3}$$

为了便于表示幂级数展开,假设 $\hat{H}'=\lambda\hat{W}$,λ 是小的实参数,表征微扰的强弱。由于 E_n 和 ψ_n 都与微扰项有关,可以看作是参数 λ 的函数,并展开成泰勒级数,可得

$$E_n(\lambda)=E_n(0)+\frac{E_n'(0)}{1!}\lambda+\frac{E_n''(0)}{2!}\lambda^2+\cdots=E_n^{(0)}+E_n^{(1)}+E_n^{(2)}+\cdots \tag{2.6.4}$$

$$\psi_n(\lambda)=\psi_n(0)+\frac{\psi_n'(0)}{1!}\lambda+\frac{\psi_n''(0)}{2!}\lambda^2+\cdots=\psi_n^{(0)}+\psi_n^{(1)}+\psi_n^{(2)}+\cdots \tag{2.6.5}$$

$E_n^{(0)}$,$\psi_n^{(0)}$ 就是 $\lambda=0$ 时的解,称为零级近似能量和零级近似波函数。$E_n^{(1)}$,$\psi_n^{(1)}$ 称为一级修正,对应 λ 的一次项,$E_n^{(2)}$,$\psi_n^{(2)}$ 称为二级修正,对应 λ^2 项,等等。把式(2.6.1)和式(2.6.4),式(2.6.5)代入式(2.6.3),可得

$$\begin{aligned}&(\hat{H}_0+\hat{H}')(\psi_n^{(0)}+\psi_n^{(1)}+\psi_n^{(2)}+\cdots)\\&=(E_n^{(0)}+E_n^{(1)}+E_n^{(2)}+\cdots)(\psi_n^{(0)}+\psi_n^{(1)}+\psi_n^{(2)}+\cdots)\\&=E_n^{(0)}\psi_n^{(0)}+(E_n^{(0)}\psi_n^{(1)}+E_n^{(1)}\psi_n^{(0)})+(E_n^{(0)}\psi_n^{(2)}+E_n^{(1)}\psi_n^{(1)}+E_n^{(2)}\psi_n^{(0)})+\cdots\end{aligned} \tag{2.6.6}$$

等式两边 λ 的同次幂项应相等,由此可得

$$\hat{H}_0\psi_n^{(0)}=E_n^{(0)}\psi_n^{(0)} \tag{2.6.7}$$

$$\hat{H}_0\psi_n^{(1)}+\hat{H}'\psi_n^{(0)}=E_n^{(0)}\psi_n^{(1)}+E_n^{(1)}\psi_n^{(0)} \tag{2.6.8}$$

$$\hat{H}_0\psi_n^{(2)}+\hat{H}'\psi_n^{(1)}=E_n^{(0)}\psi_n^{(2)}+E_n^{(1)}\psi_n^{(1)}+E_n^{(2)}\psi_n^{(0)} \tag{2.6.9}$$

$$\cdots$$

逐级迭代求解以上方程,可得能量和波函数的近似解。零级近似能量和波函数是 $\hat{H}_0$ 的本征值和本征函数,如果零级近似能量 $E_n^{(0)}$ 是非简并的,那么零级近似波函数 $\psi_n^{(0)}$ 就是唯一确定的。非简并定态微扰就是在非简并的零级近似能量和波函数的基础上做修正,得到近似解的理论。

把式(2.6.8)写成

$$E_n^{(1)}\psi_n^{(0)}=(\hat{H}_0-E_n^{(0)})\psi_n^{(1)}+\hat{H}'\psi_n^{(0)} \tag{2.6.10}$$

等式两边用 $\psi_n^{(0)}$ 做内积,得

$$E_n^{(1)}=(\psi_n^{(0)},\hat{H}'\psi_n^{(0)})\equiv H'_{nn} \tag{2.6.11}$$

因此，能量的一级修正 $E_n^{(1)}$ 等于 $\hat{H}'$ 在 $\psi_n^{(0)}$ 上的平均值，记作 H'_{nn}。

根据本征函数族的完备性，$\psi_n^{(1)}$ 总是可以用 $\hat{H}_0$ 的本征函数展开，即

$$\psi_n^{(1)}=\sum_{m\neq n}a_m\psi_m^{(0)},\quad a_m=(\psi_m^{(0)},\psi_n^{(1)}) \tag{2.6.12}$$

式中，a_m 是展开系数。$\psi_n^{(1)}$ 展开式中不含 $\psi_n^{(0)}$ 项，这是因为如果有 $\psi_n^{(0)}$ 项，我们总是可以将其合并到前面的零级项中。同样的道理，波函数的所有高阶修正项中都不含 $\psi_n^{(0)}$。于是，$\psi_n^{(1)}$ 与 $\psi_n^{(0)}$ 正交，即 $(\psi_n^{(0)},\psi_n^{(1)})=0$。式(2.6.10)两边用 $\psi_m^{(0)}(m\neq n)$ 做内积，可以求得展开系数为

$$a_m=\frac{(\psi_m^{(0)},\hat{H}'\psi_n^{(0)})}{E_n^{(0)}-E_m^{(0)}}\equiv\frac{H'_{mn}}{E_n^{(0)}-E_m^{(0)}} \tag{2.6.13}$$

式中，$(\psi_m^{(0)},\hat{H}'\psi_n^{(0)})$ 称为微扰矩阵元，记作 H'_{mn}，于是波函数的一级修正为

$$\psi_n^{(1)}=\sum_{m\neq n}\frac{H'_{mn}}{E_n^{(0)}-E_m^{(0)}}\psi_m^{(0)} \tag{2.6.14}$$

式(2.6.9)可以写成

$$E_n^{(2)}\psi_n^{(0)}=(\hat{H}_0-E_n^{(0)})\psi_n^{(2)}+(\hat{H}'-E_n^{(1)})\psi_n^{(1)} \tag{2.6.15}$$

等式两边用 $\psi_n^{(0)}$ 做内积，并代入式(2.6.14)，得

$$E_n^{(2)}=(\psi_n^{(0)},\hat{H}'\psi_n^{(1)})=\sum_{m\neq n}\frac{|H'_{mn}|^2}{E_n^{(0)}-E_m^{(0)}} \tag{2.6.16}$$

依次类推，可以继续求得能量和波函数的更高阶修正。

由上述所得修正项公式(2.6.11)(2.6.14)(2.6.16)，可得非简并能级的能量和波函数的近似公式为

$$E_n=E_n^{(0)}+H'_{nn}+\sum_{m\neq n}\frac{|H'_{mn}|^2}{E_n^{(0)}-E_m^{(0)}}+\cdots \tag{2.6.17}$$

$$\psi_n=\psi_n^{(0)}+\sum_{m\neq n}\frac{H'_{mn}}{E_n^{(0)}-E_m^{(0)}}\psi_m^{(0)}+\cdots \tag{2.6.18}$$

由公式可见，当 $|H'_{mn}|\ll|E_n^{(0)}-E_m^{(0)}|$ 时，微扰展开级数收敛得很快，其计算结果比较精确，反之则微扰论公式不再适用，需要其他的近似方法。如在库仑场中，体系能级与量子数 n 平方成反比，当 n 很大时，能级间距很小，所以微扰理论只适用于其低能级的修正，而不能用来计算高能级的修正。

2.6.2 变分法

2.6.2.1 薛定谔变分原理

一个体系的能量可以在任意波函数描述的态上取平均值，即

$$\langle E\rangle=\frac{(\psi,\hat{H}\psi)}{(\psi,\psi)} \tag{2.6.19}$$

能量平均值可以看作波函数的泛函,其极值条件(必要条件)为

$$\frac{\delta\langle E\rangle}{\delta\psi}=0 \tag{2.6.20}$$

等价于定态方程,即

$$\hat{H}\psi=E\psi \tag{2.6.21}$$

即能量平均值的极值点必须是定态波函数,而且定态能量是相应的极值。

证明:能量平均值极值条件式(2.6.20)就是对于任意的小量 $\delta\psi$,变分 $\delta\langle E\rangle=0$,即

$$\delta\langle E\rangle=\frac{\delta(\psi,\hat{H}\psi)}{(\psi,\psi)}-(\psi,\hat{H}\psi)\frac{\delta(\psi,\psi)}{(\psi,\psi)^2}=\frac{\delta(\psi,\hat{H}\psi)-\langle E\rangle\delta(\psi,\psi)}{(\psi,\psi)}=0 \tag{2.6.22}$$

可得

$$\delta(\psi,\hat{H}\psi)-\langle E\rangle\delta(\psi,\psi)=0 \tag{2.6.23}$$

其中

$$\delta(\psi,\hat{H}\psi)=(\delta\psi,\hat{H}\psi)+(\psi,\hat{H}\delta\psi)=2\mathrm{Re}(\delta\psi,\hat{H}\psi) \tag{2.6.24}$$

$$\delta(\psi,\psi)=(\delta\psi,\psi)+(\psi,\delta\psi)=2\mathrm{Re}(\delta\psi,\psi) \tag{2.6.25}$$

代入到式(2.6.23)中,可得

$$\mathrm{Re}(\delta\psi,\hat{H}\psi)-\langle E\rangle\mathrm{Re}(\delta\psi,\psi)=\mathrm{Re}[\delta\psi,(\hat{H}-\langle E\rangle)\psi]=0 \tag{2.6.26}$$

因为 $\delta\psi$ 是任意的小量,所以必有

$$(\hat{H}-\langle E\rangle)\psi=0,\text{即 }\hat{H}\psi=\langle E\rangle\psi \tag{2.6.27}$$

得证。

讨论:

(1)能量变分原理可推广到任意力学量平均值的变分,即对任意力学量 $\hat{F}$,其平均值的极值条件都等价于其本征方程,即

$$\frac{\delta\langle F\rangle}{\delta\psi}=0\Leftrightarrow\hat{F}\psi=f\psi \tag{2.6.28}$$

(2)在定理的证明中,使用了无约束条件的变分。为了便于后续推广,这里介绍有约束条件的变分。如果波函数 ψ 是归一化的,即

$$(\psi,\psi)=1 \tag{2.6.29}$$

则能量平均值为

$$\langle E\rangle=(\psi,\hat{H}\psi) \tag{2.6.30}$$

将归一化条件式(2.6.29)视作约束条件,写成 $1-(\psi,\psi)=0$,于是 $\langle E\rangle$ 的极值可通过拉格朗日乘数法给出,即求变分为

$$\frac{\delta}{\delta\psi}[\langle E\rangle+E(1-(\psi,\psi))]=0 \tag{2.6.31}$$

其中,E 是拉格朗日乘子。将式(2.6.30)代入式(2.6.31)中,做变分可得

$$\hat{H}\psi=E\psi \tag{2.6.32}$$

结果与无约束条件的变分是相同的。

(3)变分 $\delta\langle E\rangle=0$ 是能量平均值取极值的必要条件。实际上,就整个态空间中的波函数来说,只有基态波函数是 $\langle E\rangle$ 的真正极值点,激发态波函数都是鞍点。

为便于说明,将体系定态能量由小到大排序为 $E_0,E_1,E_2,\cdots$,对应的定态波函数是 $\psi_0,\psi_1,\psi_2,\cdots$,其中 E_0,ψ_0 是基态能量和波函数。所有的定态波函数 $\{\psi_n\}$ 构成正交归一的本征函数族,因此体系的任意波函数 ψ 都可以用定态波函数展开为

$$\psi=\sum_n c_n\psi_n,\quad c_n=(\psi_n,\psi) \tag{2.6.33}$$

假设 ψ 已经归一化,$(\psi,\psi)=\sum\limits_n|c_n|^2=1$,则 ψ 上的能量平均值为

$$\langle E\rangle=(\psi,\hat{H}\psi)=\sum_n|c_n|^2E_n \tag{2.6.34}$$

由于 $E_n\geqslant E_0$,于是可得

$$\langle E\rangle\geqslant E_0 \tag{2.6.35}$$

当 $\psi=\psi_0$ 时,式(2.6.35)的等号成立,因此基态能量是能量平均值的最小值,基态波函数 ψ_0 是极小值点。

当 $\psi=\psi_1$ 时,式(2.6.33)中的展开系数为 $c_0=0,c_1=1,c_2=0,\cdots$。改变展开系数就是改变波函数,所以考虑能量平均值随着展开系数的变化。如果 c_1 减小,而 c_0 增加,其他系数保持为零,则能量平均值 $\langle E\rangle=|c_0|^2E_0+|c_1|^2E_1$ 将变小;如果 c_1 减小,而 c_2 增加,其他系数保持为零,则能量平均值 $\langle E\rangle=|c_1|^2E_1+|c_2|^2E_2$ 将变大。由此可见,波函数在 ψ_1 附近变化时,能量平均值可以沿着某一方向表现为极大值,也可以沿着另一方向表现为极小值,所以称 ψ_1 为鞍点。同理,其他激发态波函数也都是能量平均值的鞍点。

2.6.2.2 里兹变分法

在任意波函数所描述的状态中,体系平均能量一定大于或等于基态能量。我们可以选取很多 ψ 并算出 $\hat{H}$ 的平均值,其中最小的一个最接近基态能量。里兹变分法就是通过试探波函数求能量平均值的最小值,从而得到基态能量和波函数的近似方法。

首先,利用合理的物理假设,找出体系基态波函数的试探解为 $\psi(q,\lambda_1,\lambda_2,\cdots,\lambda_K)$,其中,$q$ 表示体系的全部坐标集,$\lambda_1,\lambda_2,\cdots,\lambda_K$ 是待定实数参数。然后,在试探波函数 ψ 上计算能量平均值,即

$$\langle E\rangle=\frac{(\psi,\hat{H}\psi)}{(\psi,\psi)} \tag{2.6.36}$$

可见，$\langle E\rangle$是$\lambda_1,\lambda_2,\cdots,\lambda_K$ 的函数。根据变分原理，使$\langle E\rangle$取最小值的 λ 参数，就是对应于基态波函数的最优解，应该满足极值条件，即

$$\frac{\partial}{\partial\lambda_i}\langle E\rangle=0 \quad (i=1,2,\cdots,K) \tag{2.6.37}$$

求解这 K 个方程，确定出 λ 参数的取值，再代入试探解和式(2.6.37)中，就可以得到基态波函数和基态能量的近似解。

练习题 2-18：已知某体系哈密顿量为 $\hat{H}$，其基态波函数 ψ 由两个正交归一的波函数 φ_1,φ_2 组合而成，即 $\psi=c_1\varphi_1+c_2\varphi_2$。试利用变分原理讨论 c_1,c_2 满足的方程。

2.7 量子多体问题

2.7.1 原子单位制

物理学中有很多常数，如果选取合适的物理量单位，可以让这些常数在数值上等于1，从而更加简便地书写公式。在原子物理中，研究者广泛使用原子单位制(Atomic Unit System)，缩写为 a.u.。原子单位制中质量、电荷、长度的单位规定如下：

$$\begin{gathered}1\ \text{a.u.质量}=\text{电子静质量}\ m_e=9.11\times10^{-31}\ \text{kg}\\ 1\ \text{a.u.电荷}=\text{电子电荷}\ \text{e}=1.602\times10^{-19}\ \text{C}\\ 1\ \text{a.u.长度}=\text{玻尔半径}\ a_0=\frac{4\pi\varepsilon_0\hbar^2}{m_e\text{e}^2}=5.292\times10^{-11}\ \text{m}\end{gathered} \tag{2.7.1}$$

简单来说，原子单位制中

$$m_e=1,\quad \text{e}=1,\quad a_0=1 \tag{2.7.2}$$

将电荷为一个原子单位的两个质点相隔一个原子单位距离时的势能定义为一个原子单位的能量，称为 Hartree，即

$$1\ \text{a.u.能量(Hartree)}=\frac{\text{e}^2}{4\pi\varepsilon_0 a_0}=\frac{m_e\text{e}^4}{(4\pi\varepsilon_0)^2\hbar^2}=27.211\ \text{eV} \tag{2.7.3}$$

例如，氢原子基态能量的绝对值为$\frac{1}{2}$个 Hartree。

联立式(2.7.2)和式(2.7.3)，可知在原子单位值中

$$4\pi\varepsilon_0=1,\quad \hbar=1 \tag{2.7.4}$$

练习题 2-19:(1)1 原子单位的时间相当于多少秒?(2)原子单位制中的光速是多少?

2.7.2 玻恩-奥本海默近似(绝热近似)

各类分子和固体都是由原子核和电子组成的多粒子系统。不考虑外场作用,系统的能量就是这些带电粒子的动能和相互作用势(库仑势)之和,因此哈密顿量可写成

$$\hat{H}=\hat{H}_{\mathrm{e}}+\hat{H}_{\mathrm{n}}+\hat{V}_{\mathrm{e-n}}=\hat{T}_{\mathrm{e}}+\hat{V}_{\mathrm{e-e}}+\hat{T}_{\mathrm{n}}+\hat{V}_{\mathrm{n-n}}+\hat{V}_{\mathrm{e-n}} \tag{2.7.5}$$

式中,$\hat{H}_{\mathrm{e}}$ 是电子系的能量,包含所有电子的动能 $\hat{T}_{\mathrm{e}}$ 以及电子间的库仑势能 $\hat{V}_{\mathrm{e-e}}$;$\hat{H}_{\mathrm{n}}$ 表示原子核系的能量,包含所有原子核的动能 $\hat{T}_{\mathrm{n}}$ 以及原子核间的库仑势能 $\hat{V}_{\mathrm{n-n}}$;$\hat{V}_{\mathrm{e-n}}$表示电子和原子核之间的库仑势能。假设系统中有 N 个电子和 M 个原子核,第 i 个电子的坐标记为 $\boldsymbol{r}_i$,第 i 个原子核的质量、电荷数和坐标记为 $\mu_i, Z_i, \boldsymbol{R}_i$,则系统动能和势能可写成

$$\hat{T}_{\mathrm{e}}+\hat{T}_{\mathrm{n}}=-\sum_{i=1}^{N}\frac{1}{2}\nabla_{r_i}^2-\sum_{i=1}^{M}\frac{1}{2\mu_i}\nabla_{\boldsymbol{R}_i}^2 \tag{2.7.6}$$

$$\begin{aligned}\hat{V}_{\mathrm{e-e}}+\hat{V}_{\mathrm{n-n}}+\hat{V}_{\mathrm{e-n}}=&\frac{1}{2}\sum_{i,j=1,i\neq j}^{N}\frac{1}{|\boldsymbol{r}_i-\boldsymbol{r}_j|}+\frac{1}{2}\sum_{i,j=1,i\neq j}^{M}\frac{Z_iZ_j}{|\boldsymbol{R}_i-\boldsymbol{R}_j|}\\&-\sum_{i=1}^{N}\sum_{j=1}^{M}\frac{Z_j}{|\boldsymbol{r}_i-\boldsymbol{R}_j|}\end{aligned} \tag{2.7.7}$$

$\hat{V}_{\mathrm{e-n}}$是电子坐标和原子核坐标的函数,严格来说是无法分离变量的。然而,因为电子与原子核的质量相差三个数量级,所以在相互作用交换能量时,原子核的速度远远小于电子的速度。基于以上事实,1927 年,玻恩(M.Born)和奥本海默(J.E.Oppenheimer)提出将整个问题分成电子的运动和原子核的运动来考虑,即玻恩-奥本海默近似。在讨论电子的运动时,可认为原子核是瞬时静止的,把原子核的坐标 $\boldsymbol{R}_i$ 看作参数,并把 $\hat{V}_{\mathrm{e-n}}$作为近似稳定的外场;在讨论原子核的运动时,原子核感受不到电子的瞬时位置,只对电子的平均作用力有响应。

为了书写简便,用 $\boldsymbol{R}=(\boldsymbol{R}_1,\boldsymbol{R}_2,\cdots,\boldsymbol{R}_M)$表示所有原子核的位置坐标,用 $\boldsymbol{q}=(\boldsymbol{r}_1,s_{1z},\boldsymbol{r}_2,s_{2z},\cdots,\boldsymbol{r}_N,s_{Nz})$表示所有电子的位置和自旋坐标。在玻恩-奥本海默近似下,系统中电子和原子核的坐标变量可分离,即整体的波函数近似为

$$\Psi(\boldsymbol{q},\boldsymbol{R})=\psi(\boldsymbol{q})\varphi(\boldsymbol{R}) \tag{2.7.8}$$

$$\hat{H}\Psi\simeq E\Psi \tag{2.7.9}$$

电子波函数 $\psi(\boldsymbol{q})$满足定态方程,即

$$(\hat{T}_{\mathrm{e}}+\hat{V}_{\mathrm{e-e}}+\hat{V}_{\mathrm{e-n}})\psi(\boldsymbol{q})=E(\boldsymbol{R})\psi(\boldsymbol{q}) \tag{2.7.10}$$

因为原子核的坐标 $\boldsymbol{R}$ 看作参数,所以势能 $\hat{V}_{\mathrm{e-n}}$和能量 $E(\boldsymbol{R})$与 $\boldsymbol{R}$ 相关。

原子核波函数 $\varphi(\boldsymbol{R})$ 满足定态方程，即

$$(\hat{H}_{\mathrm{n}}+E(\boldsymbol{R}))\varphi(\boldsymbol{R})=E\varphi(\boldsymbol{R}) \tag{2.7.11}$$

可见，电子的能量 $E(\boldsymbol{R})$ 可以当作原子核所处的平均势场。一般地，先求解电子的波函数和能量，然后再进一步求解原子核的能量和波函数。

2.7.3　哈特里-福克自洽场方法

在玻恩-奥本海默近似下，每一个电子都在原子核的电势场中运动，势函数由原子核的位置 $\boldsymbol{R}$ 决定，可当作外势场。

$$V_{\mathrm{ext}}(\boldsymbol{r})=-\sum_{j=1}^{M}\frac{Z_j}{|\boldsymbol{r}-\boldsymbol{R}_j|} \tag{2.7.12}$$

$V_{\mathrm{ext}}(\boldsymbol{r})$ 是单个电子在 $\boldsymbol{r}$ 处的势能。电子体系在外场中的势能算符为

$$\hat{V}_{\mathrm{ext}}=\sum_{i=1}^{N}V_{\mathrm{ext}}(\boldsymbol{r}_i) \tag{2.7.13}$$

电子体系的定态方程为

$$\hat{H}\psi(\boldsymbol{q})=E\psi(\boldsymbol{q}) \tag{2.7.14}$$

其中哈密顿量为

$$\hat{H}=\hat{T}_{\mathrm{e}}+\hat{V}_{\mathrm{e-e}}+\hat{V}_{\mathrm{ext}}=-\sum_{i=1}^{N}\frac{1}{2}\nabla_{\boldsymbol{r}_i}^2+\frac{1}{2}\sum_{i,j=1,i\neq j}^{N}\frac{1}{|\boldsymbol{r}_i-\boldsymbol{r}_j|}+\sum_{i=1}^{N}V_{\mathrm{ext}}(\boldsymbol{r}_i) \tag{2.7.15}$$

如果没有电子间的库仑排斥作用，就可以简单地分离变量，将式(2.7.14)转化成求解单个电子在 $V_{\mathrm{ext}}(\boldsymbol{r})$ 场中的定态问题。但是电子间的相互作用很强，既不可忽略，也不能直接应用微扰理论。哈特里(D.R.Hartree)和福克(V.Fock)等利用变分法将上述多电子问题转化成有效场中的单电子问题。

哈特里最先提出，用单电子波函数的连乘积来作为多电子定态方程的近似解，即式(2.7.14)的近似解为

$$\psi(\boldsymbol{q})=\psi_1(q_1)\psi_2(q_2)\cdots\psi_N(q_N) \tag{2.7.16}$$

然而，电子体系是全同粒子体系，其定态波函数必须是交换反对称的，哈特里的波函数并不满足这个条件。福克用哈特里的波函数线性组合构造出交换反对称的波函数，使之满足泡利不相容原理，称为 Hartree-Fock 波函数。1951 年，斯莱特(John Slater)指出，Hartree-Fock 波函数可以简洁地表示成行列式的形式，即

$$\boldsymbol{\psi}_{\mathrm{HF}}=\frac{1}{\sqrt{N!}}\begin{vmatrix}\psi_1(q_1) & \psi_1(q_2) & \cdots & \psi_1(q_N)\\ \psi_2(q_1) & \psi_2(q_2) & \cdots & \psi_2(q_N)\\ \vdots & \vdots & \ddots & \vdots\\ \psi_N(q_1) & \psi_N(q_2) & \cdots & \psi_N(q_N)\end{vmatrix} \tag{2.7.17}$$

即斯莱特行列式，可以简写为

$$\boldsymbol{\psi}_{\mathrm{HF}}=\frac{1}{\sqrt{N!}}\det[\boldsymbol{\psi}_1(q_1)\boldsymbol{\psi}_2(q_2)\cdots\boldsymbol{\psi}_N(q_N)] \tag{2.7.18}$$

Hartree-Fock 波函数中的单电子波函数包括轨道波函数和自旋波函数，即

$$\psi_i(q)=\varphi_i(\boldsymbol{r})\chi_i(s_z) \tag{2.7.19}$$

自旋波函数χ_i为α态或者β态，而轨道波函数满足正交归一条件，即

$$(\varphi_i,\varphi_j)=\int_\infty \varphi_i^*(\boldsymbol{r})\varphi_j(\boldsymbol{r})\mathrm{d}^3\boldsymbol{r}=\delta_{ij}\quad(i,j=1,2,\cdots,N) \tag{2.7.20}$$

Hartree-Fock 波函数是试探波函数，用它计算哈密顿量式(2.7.15)的平均值，即电子体系的能量平均值为

$$\begin{aligned}E_{\mathrm{HF}}&=(\psi_{\mathrm{HF}},\hat{H}\psi_{\mathrm{HF}})\\&=\sum_{i=1}^{N}\int_\infty \varphi_i^*(\boldsymbol{r})\left(-\frac{1}{2}\nabla^2\right)\varphi_i(\boldsymbol{r})\mathrm{d}^3\boldsymbol{r}+\sum_{i=1}^{N}\int_\infty \varphi_i^*(\boldsymbol{r})V_{\mathrm{ext}}(\boldsymbol{r})\varphi_i(\boldsymbol{r})\mathrm{d}^3\boldsymbol{r}\\&\quad+\frac{1}{2}\sum_{i=1}^{N}\sum_{j=1}^{N}\iint_\infty\frac{|\varphi_i(\boldsymbol{r})|^2|\varphi_j(\boldsymbol{r}')|^2}{|\boldsymbol{r}-\boldsymbol{r}'|}\mathrm{d}^3\boldsymbol{r}\mathrm{d}^3\boldsymbol{r}'\\&\quad-\frac{1}{2}\sum_{i=1}^{N}\sum_{j=1}^{N}\delta_{s_is_j}\iint_\infty\frac{\varphi_i^*(\boldsymbol{r})\varphi_j^*(\boldsymbol{r}')\varphi_i(\boldsymbol{r}')\varphi_j(\boldsymbol{r})}{|\boldsymbol{r}-\boldsymbol{r}'|}\mathrm{d}^3\boldsymbol{r}\mathrm{d}^3\boldsymbol{r}'\end{aligned} \tag{2.7.21}$$

式中的第一项为电子体系的动能T，第二项是电子体系在外场中的势能E_{ext}，第三项为电子间的经典库仑势能，也称为 Hartree 项E_{H}，第四项是由体系波函数的交换反对称而产生的电子交换能E_{X}(exchange energy)。$\delta_{s_is_j}$表示只当单电子波函数ψ_i，ψ_j的自旋态相同(自旋平行)时，存在两个单态间的电子交换能，这是因为自旋反平行的两个单粒子态在做自旋内积时为零。如果用哈特里的波函数即式(2.7.16)来计算能量平均值，那么只有式(2.7.21)中的前三项，没有交换能。

根据变分原理，找最优的单粒子波函数$\{\varphi_i,i=1,2,\cdots,N\}$，使能量$E_{\mathrm{HF}}$取最小值，可得基态近似解。能量平均值$E_{\mathrm{HF}}$是在正交归一条件式(2.7.20)下得到的，利用拉格朗日乘数法，变分方程为

$$\frac{\delta}{\delta\varphi_k}\left\{E_{\mathrm{HF}}+\sum_{i,j=1}^{N}\varepsilon_{ij}[\delta_{ij}-(\varphi_i,\varphi_j)]\right\}=0\quad(k=1,2,\cdots,N) \tag{2.7.22}$$

式中，ε_{ij}是拉格朗日乘子。将式(2.7.21)代入式(2.7.22)并做变分，可得轨道波函数φ_i所满足的方程为

$$\begin{aligned}&\left(-\frac{1}{2}\nabla^2+V_{\mathrm{ext}}(\boldsymbol{r})+\sum_{j=1}^{N}\int_\infty\frac{|\varphi_j(\boldsymbol{r}')|^2}{|\boldsymbol{r}-\boldsymbol{r}'|}\mathrm{d}^3\boldsymbol{r}'\right)\varphi_i(\boldsymbol{r})\\&\quad-\sum_{j=1}^{N}\delta_{s_is_j}\int_\infty\frac{\varphi_j^*(\boldsymbol{r}')\varphi_i(\boldsymbol{r}')\varphi_j(\boldsymbol{r})}{|\boldsymbol{r}-\boldsymbol{r}'|}\mathrm{d}^3\boldsymbol{r}'=\sum_{j=1}^{N}\varepsilon_{ij}\varphi_j(\boldsymbol{r})\end{aligned} \tag{2.7.23}$$

如果把ε_{ij}视为矩阵元，相应的矩阵是厄密矩阵，可以通过幺正变换将其对角化，即$\varepsilon_{ij}=$

$\varepsilon_i\delta_{ij}$，从而使方程简化为

$$\left(-\frac{1}{2}\nabla^2+V_{\text{ext}}(\boldsymbol{r})+\sum_{j=1}^{N}\int_{\infty}\frac{|\varphi_j(\boldsymbol{r}')|^2}{|\boldsymbol{r}-\boldsymbol{r}'|}\mathrm{d}^3\boldsymbol{r}'\right)\varphi_i(\boldsymbol{r})-\sum_{j=1}^{N}\delta_{s_is_j}\int_{\infty}\frac{\varphi_j^*(\boldsymbol{r}')\varphi_i(\boldsymbol{r}')\varphi_j(\boldsymbol{r})}{|\boldsymbol{r}-\boldsymbol{r}'|}\mathrm{d}^3\boldsymbol{r}'=\varepsilon_i\varphi_i(\boldsymbol{r}) \tag{2.7.24}$$

这就是单电子波函数的方程，称为 Hartree-Fock 方程，简称 HF 方程。

定义电荷分布和交换电荷分布为

$$\rho(\boldsymbol{r})=-\sum_{i=1}^{N}|\varphi_i(\boldsymbol{r})|^2 \tag{2.7.25}$$

$$\rho_i^{\text{HF}}(\boldsymbol{r},\boldsymbol{r}')=-\sum_{j=1}^{N}\delta_{s_is_j}\frac{\varphi_j^*(\boldsymbol{r}')\varphi_i(\boldsymbol{r}')\varphi_i^*(\boldsymbol{r})\varphi_j(\boldsymbol{r})}{\varphi_i^*(\boldsymbol{r})\varphi_i(\boldsymbol{r})} \tag{2.7.26}$$

可将 HF 方程写为

$$\left(-\frac{1}{2}\nabla^2+V_{\text{ext}}(\boldsymbol{r})-\int_{\infty}\frac{\rho(\boldsymbol{r}')}{|\boldsymbol{r}-\boldsymbol{r}'|}\mathrm{d}^3\boldsymbol{r}'+\int_{\infty}\frac{\rho_i^{\text{HF}}(\boldsymbol{r},\boldsymbol{r}')}{|\boldsymbol{r}-\boldsymbol{r}'|}\mathrm{d}^3\boldsymbol{r}'\right)\varphi_i(\boldsymbol{r})=\varepsilon_i\varphi_i(\boldsymbol{r}) \tag{2.7.27}$$

把式(2.7.27)左侧的中括号部分类比成哈密顿算符，其势能部分包括原子核分布形成的势场、电子分布形成的势场以及电子的交换势，合并记作 $U_i(\boldsymbol{r})$，即

$$U_i(\boldsymbol{r})=V_{\text{ext}}(\boldsymbol{r})-\int_{\infty}\frac{\rho(\boldsymbol{r}')}{|\boldsymbol{r}-\boldsymbol{r}'|}\mathrm{d}^3\boldsymbol{r}'+\int_{\infty}\frac{\rho_i^{\text{HF}}(\boldsymbol{r},\boldsymbol{r}')}{|\boldsymbol{r}-\boldsymbol{r}'|}\mathrm{d}^3\boldsymbol{r}' \tag{2.7.28}$$

于是 HF 方程简写为

$$\left(-\frac{1}{2}\nabla^2+U_i(\boldsymbol{r})\right)\varphi_i(\boldsymbol{r})=\varepsilon_i\varphi_i(\boldsymbol{r})\quad(i=1,2,\cdots,N) \tag{2.7.29}$$

因为势函数 $U_i(\boldsymbol{r})$ 中含有待解波函数 $\{\varphi_i\}$，一般用迭代法数值求解 HF 方程。先设 HF 的初解为一组单电子态 $\{\varphi_i\}$，由式(2.7.25)和式(2.7.26)求出势函数 $U_i(\boldsymbol{r})$，再代入式(2.7.29)中解方程得到校正解。将校正解替换初解然后重复上述过程，直到 $\{\varphi_i\}$ 在所考虑的计算精度内不再变化，即单电子态决定的势场与势场决定的单电子态之间达到自洽，这就是 Hartree-Fock 自洽场近似方法(Self-Consistent Field，SCF)。

对于含有大量电子的系统，可以平均场近似，即用 ρ_i^{HF} 对 i 取平均的方法来简化 HF 方程。令

$$\rho_i^{\text{HF}}(\boldsymbol{r},\boldsymbol{r}')\simeq\rho^{\text{HF}}(\boldsymbol{r},\boldsymbol{r}')=\frac{\sum_i\varphi_i^*(\boldsymbol{r})\varphi_i(\boldsymbol{r})\rho_i^{\text{HF}}(\boldsymbol{r},\boldsymbol{r}')}{\sum_i\varphi_i^*(\boldsymbol{r})\varphi_i(\boldsymbol{r})} \tag{2.7.30}$$

于是 HF 方程简化为有效势下的单电子定态方程，即

$$\left(-\frac{1}{2}\nabla^2+V_{\text{eff}}(\boldsymbol{r})\right)\varphi_i(\boldsymbol{r})=\varepsilon_i\varphi_i(\boldsymbol{r})\quad(i=1,2,\cdots,N) \tag{2.7.31}$$

$$V_{\text{eff}}(\boldsymbol{r})=V_{\text{ext}}(\boldsymbol{r})-\int_{\infty}\frac{\rho(\boldsymbol{r}')}{|\boldsymbol{r}-\boldsymbol{r}'|}\mathrm{d}^3\boldsymbol{r}'+\int_{\infty}\frac{\rho^{\text{HF}}(\boldsymbol{r},\boldsymbol{r}')}{|\boldsymbol{r}-\boldsymbol{r}'|}\mathrm{d}^3\boldsymbol{r}' \tag{2.7.32}$$

可见，Hartree-Fock 自洽场方法的实质是将多电子体系的运动近似成每个电子在共同有效势场中的独立运动，这种近似称为单电子近似。可以证明，有效势方程式(2.7.31)中的拉格朗日乘子 ε_i 具有单电子能的意义，表示从该系统中移走一个 i 态电子所需的能量，或者说，将一个电子从 i 态移动到 j 态需要的能量为 $\varepsilon_j-\varepsilon_i$。

HF 方法虽然是自洽的，但不是严格的自洽，原因是其试探波函数 ψ_{HF} 只由一个斯莱特行列式给出。如果电子体系是真实的无相互作用体系，那么一个斯莱特行列式确实可以描述体系的定态波函数。实际上，考虑到电子间的相互作用，体系的定态波函数应该是多个斯莱特行列式的线性组合，如此再利用变分法，才能计算出真正的基态。因此，HF 方法计算得到的最低能量 E_{HF} 和真正的基态能量 E_g 是有差别的，这个误差称为电子关联能(Correlation Energy)，记作 E_C，即

$$E_g=E_{HF}+E_C=T+E_{ext}+E_H+E_X+E_C \tag{2.7.33}$$

基态能量 E_g 要小于理论近似值 E_{HF}，所以电子关联能 $E_C<0$。

HF 方法是量子化学的基本计算方法，在研究原子和分子体系的能级分布、电子结构以及化学反应时，都可以给出较为精确的计算结果。其中，电子关联能占体系能量的 10%左右，可忽略。然而，在处理电子激发态、反应过渡态、分离能、键能计算等方面出现较大误差。

讨论：将斯莱特行列式转置后会带来哪些物理内涵和形式的不同？

例 2-1：氦原子($1s^2$)的波函数，其哈特里近似波函数为

$$\Phi=\varphi_{1s}(1)\alpha(1)\varphi_{1s}(2)\beta(2) \tag{2.7.34}$$

交换两个电子的坐标，可得

$$P_{12}\Phi=\varphi_{1s}(2)\alpha(2)\varphi_{1s}(1)\beta(1) \tag{2.7.35}$$

不能满足交换反对称。将波函数写成斯莱特行列式的形式，即

$$\boldsymbol{\Phi}(1,2)=\frac{1}{\sqrt{2}}\begin{vmatrix}\varphi_{1s}(1)\alpha(1) & \varphi_{1s}(1)\beta(1)\\ \varphi_{1s}(2)\alpha(2) & \varphi_{1s}(2)\beta(2)\end{vmatrix} \tag{2.7.36}$$

显然满足交换反对称。每一行中所有元素均为同一编号的电子，表示同一电子可处于不同态上；每一列中所有元素均具有相同的自旋和轨道，表示不同电子都可以处于该量子态上。

例 2-2：锂原子($1s^2 2s^1$)的波函数，电子的自旋轨道有：$1s\alpha$，$1s\beta$，$2s\alpha$，其斯莱特行列式可写为

$$\boldsymbol{\Phi}(1,2,3)=\frac{1}{\sqrt{6}}\begin{vmatrix}\varphi_{1s}(1)\alpha(1) & \varphi_{1s}(1)\beta(1) & \varphi_{2s}(1)\alpha(1)\\ \varphi_{1s}(2)\alpha(2) & \varphi_{1s}(2)\beta(2) & \varphi_{2s}(2)\alpha(2)\\ \varphi_{1s}(3)\alpha(3) & \varphi_{1s}(3)\beta(3) & \varphi_{2s}(3)\alpha(3)\end{vmatrix} \tag{2.7.37}$$

例 2-3：铍原子($1s^2 2s^2$)，电子的自旋轨道有：$1s\alpha$，$1s\beta$，$2s\alpha$，$2s\beta$，其斯莱特行列式可写为

$$\Phi(1,2,3,4)=\frac{1}{\sqrt{24}}\begin{vmatrix} \varphi_{1s}(1)\alpha(1) & \varphi_{1s}(1)\beta(1) & \varphi_{2s}(1)\alpha(1) & \varphi_{2s}(1)\beta(1) \\ \varphi_{1s}(2)\alpha(2) & \varphi_{1s}(2)\beta(2) & \varphi_{2s}(2)\alpha(2) & \varphi_{2s}(2)\beta(2) \\ \varphi_{1s}(3)\alpha(3) & \varphi_{1s}(3)\beta(3) & \varphi_{2s}(3)\alpha(3) & \varphi_{2s}(3)\beta(3) \\ \varphi_{1s}(4)\alpha(4) & \varphi_{1s}(4)\beta(4) & \varphi_{2s}(4)\alpha(4) & \varphi_{2s}(4)\beta(4) \end{vmatrix} \quad (2.7.38)$$

练习题 2-20：写出 $B(1s^2 2s^2 2p^1)$原子的斯莱特行列式。

练习题 2-21：利用斯莱特行列式(2.7.36)，计算氦原子($1s^2$)的能量平均值。

2.8 密度泛函理论

以函数作为自变量的函数称为泛函，也就是说泛函是函数的函数。例如，变分法中的能量平均值$\langle E\rangle=(\psi,\hat{H}\psi)$就是以波函数为自变量的泛函。特别是在 Hartree-Fock 方法中，电子体系的波函数由单粒子波函数$\{\varphi_i\}$给出，于是能量平均值可以看作是单粒子波函数$\{\varphi_i\}$的泛函。

对于多电子体系，我们原则上可以用波函数来描述。波函数的自变量包括各个粒子的位置坐标和自旋，其中每个电子有 3 个空间自由度，加上 1 个自旋自由度。对于含有 N 个电子的体系，波函数是 $4N$ 个自变量的函数，因此当粒子数 N 很大时，相应方程的求解就变得非常复杂。不过幸运的是，分子和固体中的电子体系是全同粒子体系。全同粒子不可区分，一个特定粒子的概率分布没有物理意义，测量中只能给出其整体的概率分布。例如，当我们测量不同位置处电子出现的概率时，反映的是所有电子的位置概率分布，也就是粒子数密度，又称电子密度 $\rho(\boldsymbol{r})$，表示 $\boldsymbol{r}$ 处的单位体积内的电子数。电子密度的自变量只有三个，以电子密度代替波函数作为基本变量，是密度泛函理论(Density Functional Theory，DFT)的出发点。

基于密度泛函理论的量子力学方法被称为第一性原理(First-principles)计算，以与其他量子化学从头算(Ab-initial)的方法相区别。第一性原理计算不依赖其他经验参数，只需要五个基本常数(粒子质量、电量、普朗克常数、光速和玻尔兹曼常数)，从材料的化学组成和晶体结构的角度出发，通过求解薛定谔方程，得到材料的各种基态性能，如能带结构、光学性质、力学性质、热力学性质、磁学性质等。

近年来，经过不断发展，密度泛函理论在材料模拟与计算中占据主流地位。它具有误差小、效率高的优势，在过渡金属原子体系、声子系统等计算中优势突出。

2.8.1 电子密度

电子密度 $\rho(\boldsymbol{r})$ 表示 $\boldsymbol{r}$ 处的单位体积内的电子数，与波函数 $\psi(\boldsymbol{q})$ 的关系为

$$\rho(\boldsymbol{r})=\sum_{i=1}^{N}\rho_i(\boldsymbol{r}) \tag{2.8.1}$$

$$\rho_i(\boldsymbol{r})=\sum_{s}\left(\int_{\infty}|\psi(\boldsymbol{r}_1,s_1,\cdots,\boldsymbol{r}_{i-1},s_{i-1},\boldsymbol{r}_i,s_i,\boldsymbol{r}_{i+1},s_{i+1},\cdots,\boldsymbol{r}_N,s_N)|^2\prod_{j=1,j\neq i}^{N}\mathrm{d}^3\boldsymbol{r}_j\right) \tag{2.8.2}$$

$\rho_i(\boldsymbol{r})$ 表示第 i 个电子在 $\boldsymbol{r}$ 处的单位体积内出现的概率，$\rho(\boldsymbol{r})$ 则是 N 个电子在 $\boldsymbol{r}$ 处的单位体积内出现的总概率，可得

$$\begin{aligned}&\int_{\infty}\rho_i(\boldsymbol{r})\mathrm{d}^3\boldsymbol{r}\equiv(\psi,\psi)=1\\&\int_{\infty}\rho(\boldsymbol{r})\mathrm{d}^3\boldsymbol{r}=\sum_{i=1}^{N}\int_{\infty}\rho_i(\boldsymbol{r})\mathrm{d}^3\boldsymbol{r}=N\end{aligned} \tag{2.8.3}$$

因为电子体系的波函数是交换反对称的，所以每个电子的概率分布都是一样的，即

$$\rho_i(\boldsymbol{r})=\rho_1(\boldsymbol{r})=\frac{1}{N}\rho(\boldsymbol{r}) \tag{2.8.4}$$

在外场 $V_{\mathrm{ext}}(\boldsymbol{r})$ 中，电子体系受到的外场作用的能量平均值为

$$E_{\mathrm{ext}}=(\psi,\hat{V}_{\mathrm{ext}}\psi)=(\psi,\sum_{i=1}^{N}V_{\mathrm{ext}}(\boldsymbol{r}_i)\psi)=\int_{\infty}V_{\mathrm{ext}}(\boldsymbol{r})\rho(\boldsymbol{r})\mathrm{d}^3\boldsymbol{r} \tag{2.8.5}$$

能量平均值由电子密度决定，与经典电磁理论一致。

在 Hartree-Fock 方法中，N 个电子等概率分布在 N 个单粒子态上，电子密度与波函数的关系比较简单，即

$$\rho(\boldsymbol{r})=\sum_{i=1}^{N}|\varphi_i(\boldsymbol{r})|^2 \tag{2.8.6}$$

于是，电子与电子的库仑势能（Hartree 项）可以表示为

$$E_{\mathrm{H}}=\frac{1}{2}\sum_{i=1}^{N}\sum_{j=1}^{N}\iint_{\infty}\frac{|\varphi_i(\boldsymbol{r})|^2|\varphi_j(\boldsymbol{r}')|^2}{|\boldsymbol{r}-\boldsymbol{r}'|}\mathrm{d}^3\boldsymbol{r}\mathrm{d}^3\boldsymbol{r}'=\frac{1}{2}\iint_{\infty}\frac{\rho(\boldsymbol{r})\rho(\boldsymbol{r}')}{|\boldsymbol{r}-\boldsymbol{r}'|}\mathrm{d}^3\boldsymbol{r}\mathrm{d}^3\boldsymbol{r}' \tag{2.8.7}$$

E_{H} 也由电子密度决定，与经典电磁理论一致。

从式(2.8.1)和式(2.8.2)可以看出，给定体系的波函数，电子密度是唯一确定的；反之，给定体系的电子密度，可能有多个相互独立的波函数。

2.8.2 Thomas-Fermi-Dirac 理论（托马斯-费米-狄克拉理论）

金属中价电子的运动决定了金属的输运特性，如果将这些电子看作自由电子，每个电子各自独立地在一个平均势场中运动，那么系统的状态取决于这些电子所处的单粒子态。电子服从泡利不相容原理，遵从费米-狄拉克统计分布。在温度为 T 时，能级 ε 的一

个量子态上平均分布的电子数为

$$f(\varepsilon)=\frac{1}{e^{(\varepsilon-\varepsilon_F)/k_B T}+1} \tag{2.8.8}$$

式(2.8.8)称为费米分布函数。ε_F 是费米能,表示绝对零度下电子所处的最高能级。在绝对零度下,体系整体处于基态,即处于能量最低态,电子优先占据能级低的量子态,即

$$T=0, \quad f(\varepsilon)=\begin{cases}1, & \varepsilon\leqslant\varepsilon_F \\ 0, & \varepsilon>\varepsilon_F\end{cases} \tag{2.8.9}$$

可见,能级低于费米能的量子态都被电子填满,而能级高于费米能的量子态都空着。

一般地,单粒子能级 ε 是简并的,用 $g(\varepsilon)$表示能级 ε 的简并度,则分布在能级为 ε 的所有量子态上的电子数为

$$N(\varepsilon)=f(\varepsilon)g(\varepsilon) \tag{2.8.10}$$

如果能级间距很小,我们可以认为能级 ε 是连续取值的,用 $g(\varepsilon)$表示单位能级间隔内的量子态数目(能态密度),于是分布在 $\varepsilon\sim\varepsilon+d\varepsilon$ 间隔内的所有量子态上的电子数为

$$dN=f(\varepsilon)g(\varepsilon)d\varepsilon \tag{2.8.11}$$

用式(2.8.11)对能量 ε 积分,可得体系总粒子数 N 为

$$N=\int_{\varepsilon_g}^{\infty} f(\varepsilon)g(\varepsilon)d\varepsilon \tag{2.8.12}$$

积分下限 ε_g 是单粒子基态能量。在绝对零度下,有等式

$$N=\int_{\varepsilon_g}^{\varepsilon_F} g(\varepsilon)d\varepsilon \tag{2.8.13}$$

因此,费米能与体系的粒子数和能态分布有关。

以金属中的自由电子气体为例,不考虑电子间的相互作用,假设电子在边长为 L 的立方体金属内各自独立地自由运动,金属的体积 $V=L^3$。取立方体中心为坐标原点,单粒子的定态能量和波函数分别为

$$\varepsilon=\frac{p^2}{2m_e}=\frac{\hbar^2 k^2}{2m_e} \tag{2.8.14}$$

$$\psi_k(\boldsymbol{r})=\frac{1}{L^3}e^{i\boldsymbol{k}\cdot\boldsymbol{r}} \quad \left(-\frac{L}{2}\leqslant x,y,z\leqslant\frac{L}{2}\right) \tag{2.8.15}$$

在 L 足够大时,电子的运动几乎不受边界的影响,但为了方便讨论能态分布,我们约定波函数满足周期边界条件,分别为

$$\begin{aligned}\psi_k(x+L,y,z)&=\psi_k(x,y,z)\\ \psi_k(x,y+L,z)&=\psi_k(x,y,z)\\ \psi_k(x,y,z+L)&=\psi_k(x,y,z)\end{aligned} \tag{2.8.16}$$

把式(2.8.15)代入周期边界条件,可得波矢的取值是分立的,即

$$k_x=\frac{2\pi}{L}n_x, \quad k_y=\frac{2\pi}{L}n_y, \quad k_z=\frac{2\pi}{L}n_z \quad (n_x,n_y,n_z=0,\pm1,\pm2,\cdots) \tag{2.8.17}$$

每一个平面波 ψ_K 对应一组(k_x,k_y,k_z),相当于κ空间中等间距分布的格点,平均每个格点(平面波)占据的体积为

$$\left(\frac{2\pi}{L}\right)^3=\frac{(2\pi)^3}{V} \tag{2.8.18}$$

其倒数即为格点密度,表示κ空间中单位体积内的格点数。

在κ空间中,能量为定值的曲面称为等能面。由式(2.8.14)易见,自由电子的等能面是以原点为中心的球面,球面半径为

$$k=\sqrt{\frac{2m_e\varepsilon}{\hbar^2}} \tag{2.8.19}$$

能量间隔 $\varepsilon\sim\varepsilon+d\varepsilon$ 对应κ空间中的球壳 $k\sim k+dk$,球壳内部量子态的数目为

$$dN=2\times\frac{4\pi k^2 dk}{\frac{(2\pi)^3}{V}}=\frac{8\pi V}{(2\pi\hbar)^3}m_e\sqrt{2m_e\varepsilon}\ d\varepsilon \tag{2.8.20}$$

其中乘积因子 2 来自电子的自旋。于是自由电子的能态密度为

$$g(\varepsilon)=\frac{8\pi V}{(2\pi\hbar)^3}m_e\sqrt{2m_e\varepsilon} \tag{2.8.21}$$

在绝对零度时,自由电子占满 $0\sim\varepsilon_F$ 能量区间中的所有量子态,即κ空间中半径为 $k_F=\sqrt{2m_e\varepsilon_F/\hbar^2}$ 的球面内的所有量子态。k_F 称为费米半径,相应球面称为费米面,包围的球体称为费米球。根据式(2.8.13),费米球中的量子态数目即为电子气中的粒子数,为

$$N=\int_0^{\varepsilon_F}g(\varepsilon)d\varepsilon\equiv2\times\frac{\frac{4}{3}\pi k_F^3}{\frac{(2\pi)^3}{V}}=\frac{V}{3\pi^2}\left(\frac{2m_e}{\hbar^2}\right)^{\frac{3}{2}}(\varepsilon_F)^{\frac{3}{2}} \tag{2.8.22}$$

自由电子气中电子在空间均匀分布,其粒子数密度又称电子密度,为

$$\rho(\boldsymbol{r})=\frac{N}{V}=\frac{1}{3\pi^2}\left(\frac{2m_e}{\hbar^2}\right)^{\frac{3}{2}}(\varepsilon_F)^{\frac{3}{2}} \tag{2.8.23}$$

可见,均匀电子气的费米能取决于电子密度,即

$$\varepsilon_F=\frac{\hbar^2}{2m_e}(3\pi^2)^{\frac{2}{3}}\rho^{\frac{2}{3}} \tag{2.8.24}$$

在绝对零度时,单个电子的平均动能为

$$\bar{\varepsilon}=\frac{1}{N}\int_0^{\varepsilon_F}\varepsilon g(\varepsilon)d\varepsilon=\frac{3}{5}\varepsilon_F \tag{2.8.25}$$

均匀电子气在实空间 $\boldsymbol{r}$ 处的动能密度可写为

$$t(\boldsymbol{r})\equiv\bar{\varepsilon}\rho(\boldsymbol{r})=\frac{3}{5}\varepsilon_F\rho=\frac{3\hbar^2}{10m_e}(3\pi^2)^{\frac{2}{3}}\rho^{\frac{5}{3}} \tag{2.8.26}$$

电子气的总动能就是动能密度对全空间做积分,得到 Thomas-Fermi(托马斯-费米)动能泛函为

$$T[\rho]\equiv\int_{\infty}t(\boldsymbol{r})\mathrm{d}^3\boldsymbol{r}=\frac{3\hbar^2}{10m_e}(3\pi^2)^{\frac{2}{3}}\int_{\infty}\rho^{\frac{5}{3}}\mathrm{d}^3\boldsymbol{r} \tag{2.8.27}$$

1927 年，托马斯(L.H.Thomas)和费米(E.Fermi)各自独立提出均匀电子气模型，是关于多体问题的最早研究理论。他们把电子密度作为电子体系的基本变量，首次建立了体系能量对电子密度的泛函。托马斯和费米只考虑了电子的动能、原子核的势能及电子间的库仑相互作用。1930 年，狄拉克(P.A.M.Dirac)在 Thomas-Fermi 模型的基础上加入了体系的交换作用，得到 Thomas-Fermi-Dirac 能量公式，称 TFD 近似。在原子单位制下，Thomas-Fermi-Dirac 能量公式表示为

$$\begin{aligned}E_{\mathrm{TFD}}&=2.871\int_{\infty}\rho(\boldsymbol{r})^{\frac{5}{3}}\mathrm{d}^3\boldsymbol{r}+\int_{\infty}V_{\mathrm{ext}}(\boldsymbol{r})\rho(\boldsymbol{r})\mathrm{d}^3\boldsymbol{r}\\&+\frac{1}{2}\iint_{\infty}\frac{\rho(\boldsymbol{r})\rho(\boldsymbol{r}')}{|\boldsymbol{r}-\boldsymbol{r}'|}\mathrm{d}^3\boldsymbol{r}\mathrm{d}^3\boldsymbol{r}'-0.739\int_{\infty}\rho(\boldsymbol{r})^{\frac{4}{3}}\mathrm{d}^3\boldsymbol{r}\end{aligned} \tag{2.8.28}$$

能量中的第一项即为 Thomas-Fermi 动能 $T[\rho]$，第二项是电子在外场中的势能 E_{ext}，第三项是电子与电子间的库仑势能 E_{H}，第四项为狄拉克引入的交换能 E_{X}。E_{TFD}作为电子密度的泛函，利用变分法可导出电子密度满足的方程，进而确定体系基态的近似解。

TFD 近似方法在碱金属的计算中可以得到理想的结果，但其动能项依据的是均匀自由电子气模型，必然与真实电子体系的动能有误差，也没有考虑电子的关联作用，对成键方向性较强的体系不够精确。现在常用的 Hohenberg-Kohn 定理(霍亨伯格-科恩定理)和 Kohn-Sham 方程(科恩-沈吕九方程)更为严谨，使用范围也更广，因此得到了广泛的应用。

练习题 2-22：试推导自由电子气在绝对零度时的电子平均动能为 $\bar{\varepsilon}=\dfrac{3}{5}\varepsilon_{\mathrm{F}}$。

2.8.3 Hohenberg-Kohn 定理

1964 年，霍恩伯格(Pierre Hohenberg)和科恩(Walter Kohn)提出了密度泛函理论的基本定理，揭示出电子气的所有性质都取决于基态电子密度。Hohenberg-Kohn 定理是现代密度泛函理论的基础，主要有两条：

定理一：电子体系受到的外场 $V_{\mathrm{ext}}(\boldsymbol{r})$和哈密顿量，由该体系的基态电子密度 $\rho^0(\boldsymbol{r})$决定。

定理二：给定粒子数 N 和外场 $V_{\mathrm{ext}}(\boldsymbol{r})$，电子体系的平均能量是电子密度 $\rho(\boldsymbol{r})$的泛函，当且仅当 $\rho=\rho^0$ 时，能量泛函取最小值。因此，能量泛函对于电子密度的变分是确定系统基态的有效方法。

电子体系的哈密顿量由粒子数 N 和外场 $V_{\mathrm{ext}}(\boldsymbol{r})$决定，即

$$\begin{aligned}\hat{H}&=-\sum_{i=1}^{N}\frac{1}{2}\nabla_{r_i}^2+\frac{1}{2}\sum_{i,j=1,i\neq j}^{N}\frac{1}{|\boldsymbol{r}_i-\boldsymbol{r}_j|}+\sum_{i=1}^{N}V_{\mathrm{ext}}(\boldsymbol{r}_i)\\&=\hat{F}+\hat{V}_{\mathrm{ext}}\end{aligned} \tag{2.8.29}$$

其中 $\hat{F}$ 包含电子的动能算符和电子间的相互作用势，由粒子数 N 决定，与外场无关。有了哈密顿量，则体系的基态波函数 ψ^0 就唯一确定了(假定基态是非简并的)，进而基态电子密度 ρ^0 也是唯一确定的。由 Hohenberg-Kohn 定理可知，如果基态电子密度 ρ^0 给定了，则外场 V_{ext}、哈密顿量 $\hat{H}$ 以至整个体系的定态能量和波函数都可以确定下来。简单地说，分子和固体中原子核的相对位置及其所有的物理性质都由基态电子密度给定。

定理一证明：

假设电子体系在两个外势场 $V_1(\boldsymbol{r})$ 和 $V_2(\boldsymbol{r})$ 中有相同的基态电子密度 $\rho^0(\boldsymbol{r})$，则电子体系的粒子数为

$$N = \int_{\infty} \rho^0(\boldsymbol{r})\mathrm{d}^3\boldsymbol{r} \tag{2.8.30}$$

体系在两个外场中的哈密顿量记作 $\hat{H}_1 = \hat{F} + \hat{V}_1$ 和 $\hat{H}_2 = \hat{F} + \hat{V}_2$，相应的基态能量和波函数分别记作 E_1, ψ_1 和 E_2, ψ_2，即

$$\hat{H}_1\psi_1 = E_1\psi_1 \tag{2.8.31}$$

$$\hat{H}_2\psi_2 = E_2\psi_2 \tag{2.8.32}$$

以下分两种情况讨论：

(1)如果 $\psi_1 = \psi_2$，即 $\hat{H}_1$ 和 $\hat{H}_2$ 有相同的基态波函数，令式(2.8.31)与式(2.8.32)相减，可得

$$(\hat{V}_1 - \hat{V}_2)\psi_1 = (E_1 - E_2)\psi_1 = \Delta E\psi_1 \tag{2.8.33}$$

即

$$(\hat{V}_1 - \hat{V}_2 - \Delta E)\psi_1 = 0 \tag{2.8.34}$$

因为 $\hat{V}_1$ 和 $\hat{V}_2$ 都是乘子算符，所以 $\hat{V}_1 - \hat{V}_2 - \Delta E = 0$，易见 $V_1(\boldsymbol{r})$ 和 $V_2(\boldsymbol{r})$ 只相差一个常数项，即

$$V_1(\boldsymbol{r}) - V_2(\boldsymbol{r}) = C \tag{2.8.35}$$

(2)如果 $\psi_1 \neq \psi_2$，但两个波函数给出相同的电子密度 ρ^0。根据变分原理，能量平均值在基态上取最小值，于是相应的基态能量为

$$\begin{aligned} E_1 &= (\psi_1, \hat{H}_1\psi_1) \leqslant (\psi_2, \hat{H}_1\psi_2) = (\psi_2, (\hat{H}_2 + \hat{V}_1 - \hat{V}_2)\psi_2) \\ &= E_2 + \int_{\infty} (V_1 - V_2)\rho^0(\boldsymbol{r})\mathrm{d}^3\boldsymbol{r} \end{aligned} \tag{2.8.36}$$

$$\begin{aligned} E_2 &= (\psi_2, \hat{H}_2\psi_2) \leqslant (\psi_1, \hat{H}_2\psi_1) = (\psi_1, (\hat{H}_1 + \hat{V}_2 - \hat{V}_1)\psi_1) \\ &= E_1 + \int_{\infty} (V_2 - V_1)\rho^0(\boldsymbol{r})\mathrm{d}^3\boldsymbol{r} \end{aligned} \tag{2.8.37}$$

两个不等式的等号成立的条件是基态简并，即

$$\hat{H}_1\psi_2 = E_1\psi_2, \quad \hat{H}_2\psi_1 = E_2\psi_1 \tag{2.8.38}$$

假设不等式的等号成立，即基态简并，由式(2.8.31)、式(2.8.32)和式(2.8.38)可知，$\hat{H}_1$ 和 $\hat{H}_2$ 有相同的基态波函数，类似情况(1)，因此得到一样的结论。

假设不等式的等号不成立，即基态非简并，将不等式(2.8.36)(2.8.37)的两侧分别相加，得

$$E_1+E_2<E_2+E_1 \tag{2.8.39}$$

这显然矛盾，说明电子体系的非简并基态波函数由基态电子密度唯一确定，即 $\psi_1=\psi_2$，于是又回到了情况(1)。

根据以上两种情况的讨论可知，无论基态是简并还是非简并，具有相同基态电子密度的外场只相差一个常数，即 $V_1(\boldsymbol{r})-V_2(\boldsymbol{r})=C$，而这个常数可以通过选择外场的零势能面抵消，于是定理一得证。

定理一说明基态能量 E^0 由 ρ^0 唯一决定，因此基态能量 E^0 可看作是 ρ^0 的泛函。

$$E^0[\rho^0]=(\psi^0,\hat{H}\psi^0)=(\psi^0,\hat{F}\psi^0)+(\psi^0,\hat{V}_{\text{ext}}\psi^0)=F[\rho^0]+E_{\text{ext}}[\rho^0] \tag{2.8.40}$$

式中，$E_{\text{ext}}[\rho^0]$表示电子体系在外场中的能量，即

$$E_{\text{ext}}[\rho^0]=(\psi^0,\hat{V}_{\text{ext}}\psi^0)=\int_\infty V_{\text{ext}}(\boldsymbol{r})\rho^0(\boldsymbol{r})\text{d}^3\boldsymbol{r} \tag{2.8.41}$$

$F[\rho^0]$表示电子体系的动能和内部相互作用能，是与外场无关的普适泛函，只由粒子数 N 决定，则 $F[\rho^0]$可表示为

$$F[\rho^0]=(\psi^0,\hat{F}\psi^0) \tag{2.8.42}$$

现在把式(2.8.41)和式(2.8.42)做推广，在给定粒子数 N 的条件下，将其自变量推广到任意的电子密度，即

$$N=\int_\infty \rho(\boldsymbol{r})\text{d}^3\boldsymbol{r} \tag{2.8.43}$$

$$E_{\text{ext}}[\rho]=(\psi^\rho,\hat{V}_{\text{ext}}\psi^\rho)=\int_\infty V_{\text{ext}}(\boldsymbol{r})\rho(\boldsymbol{r})\text{d}^3\boldsymbol{r} \tag{2.8.44}$$

$$F[\rho]=\min\{(\psi^\rho,\hat{F}\psi^\rho)\} \tag{2.8.45}$$

其中，ψ^ρ 表示能给出电子密度 ρ 的波函数，可能不止一个，它们给出相同的外场 $\hat{V}_{\text{ext}}$平均值，但可能给出不同的 $\hat{F}$ 平均值，用 min{}表示取其中最小的值。$E_{\text{ext}}[\rho]$是外场相关的，$F[\rho]$是粒子数相关的，于是在给定粒子数 N 和外场 $V_{\text{ext}}(\boldsymbol{r})$的条件下，定义关于电子密度的能量泛函为

$$E[\rho]=F[\rho]+E_{\text{ext}}[\rho]=\min\{(\psi^\rho,\hat{F}\psi^\rho)\}+\int_\infty V_{\text{ext}}(\boldsymbol{r})\rho(\boldsymbol{r})\text{d}^3\boldsymbol{r} \tag{2.8.46}$$

定理二证明：

按照能量泛函的定义式(2.8.46)，并根据变分原理，对于任一波函数 ψ^ρ 及其对应的电子密度 ρ，有不等式$(\psi^\rho,\hat{H}\psi^\rho)\geqslant(\psi^0,\hat{H}\psi^0)$，即

$$(\psi^{\rho},\hat{F}\psi^{\rho})+(\psi^{\rho},\hat{V}_{\mathrm{ext}}\psi^{\rho})\geqslant E^{0} \tag{2.8.47}$$

$$E[\rho]\geqslant E^{0} \tag{2.8.48}$$

当且仅当 $\psi^{\rho}=\psi^{0}$，$\rho=\rho^{0}$ 时，不等式的等号成立，于是定理二得证。

HK 定理指出了能量泛函的存在性，但要利用变分法给出电子密度的方程，需要知道能量泛函的具体表达式，特别是与外场无关的部分 $F[\rho]$。$F[\rho]$包含了电子动能和电子间的相互作用能，形式上可写成

$$F[\rho]=T[\rho]+\frac{1}{2}\iint_{\infty}\frac{\rho(\boldsymbol{r})\rho(\boldsymbol{r}')}{|\boldsymbol{r}-\boldsymbol{r}'|}\mathrm{d}^{3}\boldsymbol{r}\mathrm{d}^{3}\boldsymbol{r}'+E_{\mathrm{XC}}[\rho] \tag{2.8.49}$$

第一项是动能项，第二项是经典库仑能（Hartree 项），第三项 $E_{\mathrm{XC}}[\rho]$代表了所有未包含在前两项中的复杂部分，例如电子交换能 E_{X} 和关联能 E_{C}，因此称为交换关联项。这样，能量泛函可写成

$$E[\rho]=T[\rho]+E_{\mathrm{XC}}[\rho]+\frac{1}{2}\iint_{\infty}\frac{\rho(\boldsymbol{r})\rho(\boldsymbol{r}')}{|\boldsymbol{r}-\boldsymbol{r}'|}\mathrm{d}^{3}\boldsymbol{r}\mathrm{d}^{3}\boldsymbol{r}'+\int_{\infty}V_{\mathrm{ext}}(\boldsymbol{r})\rho(\boldsymbol{r})\mathrm{d}^{3}\boldsymbol{r} \tag{2.8.50}$$

我们如果找到 $T[\rho]$和 $E_{\mathrm{XC}}[\rho]$的表达式，就可以将 $E[\rho]$对 ρ 变分，得到 ρ 的方程，进而求解出系统的基态及其相关的物理性质。

2.8.4 Kohn-Sham 方程

Thomas 和 Fermi 理论给出了均匀电子气的动能泛函，但对有相互作用的电子体系的动能泛函 $T[\rho]$仍然一无所知。1965 年，科恩（W.Kohn）和沈吕九（L.J.Sham）借助于无相互作用的电子体系的动能泛函和有效势，将有相互作用的电子体系的密度泛函问题等价地转化成单粒子定态方程。

科恩和沈吕九假定，真实电子体系与一个虚拟的电子体系（不计自旋且无相互作用）有相同的电子密度 $\rho(\boldsymbol{r})$，于是虚拟电子体系的波函数和真实电子体系的电子密度有对应关系，即

$$\psi_{\mathrm{KS}}=\frac{1}{\sqrt{N!}}\det[\varphi_{1}(\boldsymbol{r}_{1})\varphi_{2}(\boldsymbol{r}_{2})\cdots\varphi_{N}(\boldsymbol{r}_{N})] \tag{2.8.51}$$

$$\rho(\boldsymbol{r})=\sum_{i=1}^{N}|\varphi_{i}(\boldsymbol{r})|^{2} \tag{2.8.52}$$

$\{\varphi_{i}(\boldsymbol{r})\}$是虚拟体系的 N 个单粒子轨道波函数，满足正交归一条件，即

$$(\varphi_{i},\varphi_{j})=\int_{\infty}\varphi_{i}^{*}(\boldsymbol{r})\varphi_{j}(\boldsymbol{r})\mathrm{d}^{3}\boldsymbol{r}=\delta_{ij} \tag{2.8.53}$$

如 Hartree-Fock 方法（哈里特-福克方法）中所述，虚拟电子体系的动能泛函可由 φ_{i} 计算得出

$$T_{\mathrm{S}}[\rho]=(\psi_{\mathrm{KS}},\hat{T}_{\mathrm{e}}\psi_{\mathrm{KS}})=\sum_{i=1}^{N}\int_{\infty}\varphi_{i}^{*}(\boldsymbol{r})\left[-\frac{1}{2}\nabla^{2}\right]\varphi_{i}(\boldsymbol{r})\mathrm{d}^{3}\boldsymbol{r} \tag{2.8.54}$$

用 $T_{\mathrm{S}}[\rho]$代替能量泛函 $E[\rho]$中的动能项 $T[\rho]$，由此产生的误差归入 $E_{\mathrm{XC}}[\rho]$中，于是能

量泛函可表示为

$$E[\rho]=T_S[\rho]+\frac{1}{2}\iint_{\infty}\frac{\rho(\boldsymbol{r})\rho(\boldsymbol{r}')}{|\boldsymbol{r}-\boldsymbol{r}'|}\mathrm{d}^3\boldsymbol{r}\mathrm{d}^3\boldsymbol{r}'+\int_{\infty}V_{\mathrm{ext}}(\boldsymbol{r})\rho(\boldsymbol{r})\mathrm{d}^3\boldsymbol{r}+E_{\mathrm{XC}}[\rho] \tag{2.8.55}$$

基于 $\rho(\boldsymbol{r})$ 和 $\{\varphi_i(\boldsymbol{r})\}$ 的对应关系，能量泛函可对单粒子轨道波函数 $\{\varphi_i(\boldsymbol{r})\}$ 做变分。把轨道波函数的正交归一条件视作约束条件，利用拉格朗日乘数法，变分方程为

$$\frac{\delta}{\delta\varphi_k}\left\{E[\rho]+\sum_{i,j=1}^{N}\varepsilon_{ij}[\delta_{ij}-(\varphi_i,\varphi_j)]\right\}=0 \quad (k=1,2,\cdots,N) \tag{2.8.56}$$

式中 ε_{ij} 是拉格朗日乘子，总是可以通过幺正变换使其对角化，即 $\varepsilon_{ij}=\varepsilon_i\delta_{ij}$。类似 Hartree-Fock 方法中的变分，可得

$$\left(-\frac{1}{2}\nabla^2+V_{\mathrm{KS}}(\boldsymbol{r})\right)\varphi_i=\varepsilon_i\varphi_i \quad (i=1,2,\cdots,N) \tag{2.8.57}$$

这就是轨道波函数 φ_i 满足的定态方程，其中 V_{KS} 为有效势，即

$$\begin{aligned}V_{\mathrm{KS}}(\boldsymbol{r})&=V_{\mathrm{ext}}(\boldsymbol{r})+V_{\mathrm{coul}}(\boldsymbol{r})+V_{\mathrm{XC}}(\boldsymbol{r})\\&=V_{\mathrm{ext}}(\boldsymbol{r})+\int_{\infty}\frac{\rho(\boldsymbol{r}')}{|\boldsymbol{r}-\boldsymbol{r}'|}\mathrm{d}^3\boldsymbol{r}'+\frac{\delta E_{\mathrm{XC}}}{\delta\rho}\end{aligned} \tag{2.8.58}$$

包含外场势 V_{ext}、库仑排斥势 V_{coul} 和交换关联势 V_{XC}。其中交换关联势 V_{XC} 的定义为

$$\delta E_{\mathrm{XC}}=\int_{\infty}\frac{\delta E_{\mathrm{XC}}}{\delta\rho}\delta\rho(\boldsymbol{r})\mathrm{d}^3\boldsymbol{r}=\int_{\infty}V_{\mathrm{XC}}(\boldsymbol{r})\delta\rho(\boldsymbol{r})\mathrm{d}^3\boldsymbol{r} \tag{2.8.59}$$

式(2.8.52)、式(2.8.57)和式(2.8.58)并称Kohn-Sham 方程，可以用迭代法数值求解。在解出轨道波函数 φ_i 和轨道能量 ε_i 后，Kohn-Sham 方程两边都乘以 φ_i^* 并全空间积分，然后对 i 求和，即可算出电子体系的基态能量为

$$E_0=\sum_{i=1}^{N}\varepsilon_i+E_{\mathrm{XC}}[\rho]-E_{\mathrm{H}}-\int_{\infty}V_{\mathrm{XC}}(\boldsymbol{r})\rho(\boldsymbol{r})\mathrm{d}^3\boldsymbol{r} \tag{2.8.60}$$

式(2.8.60)右边第一项称为能带结构项，后面三项称为冗余项。

Kohn-Sham 方程是一个严格的理论，其核心是用无相互作用电子系统的动能代替有相互作用电子系统的动能，而将有相互作用的电子系统的全部复杂性归入 E_{XC} 中，即

$$E_{\mathrm{XC}}[\rho]=F[\rho]-T_S[\rho]-E_{\mathrm{H}}[\rho] \tag{2.8.61}$$

在 Hartree-Fock 方法中，单粒子轨道有一定的物理意义，但以斯莱特行列式作为真实波函数的近似，不能正确描述有相互作用的电子体系，由此得到的基态能量与真实值之间必有误差(关联能)。密度泛函理论导出的 Kohn-Sham 方程(KS 方程)是严格的，其能量泛函不仅包含了电子的交换能，也包含了电子的关联能。需要注意的是，KS 方程中的单粒子轨道是虚拟的，只是用来构造真实体系电子密度的辅助工具，不代表真实的轨道运动状态。原则上，KS 方程的计算结果要比 Hartree-Fock 自洽场的结果更精确，但前提是要找到交换关联能 E_{XC} 的恰当形式。

2.8.5 交换关联能泛函

$E_{\mathrm{XC}}[\rho]$ 的问题截至目前并没有解决。KS 提出交换关联泛函局域密度近似的解决方

案。其基本思想是：利用均匀电子气密度函数 $\rho(\boldsymbol{r})$ 来获得非均匀电子气的交换关联泛函。对于变化平坦的密度函数，用一均匀的交换关联能密度 $\varepsilon_{XC}[\rho]$ 代替非均匀的交换关联能密度。按自由电子模型，定义交换关联能泛函表示为

$$E_{XC}[\rho]=\int \rho(\boldsymbol{r})\varepsilon_{XC}[\rho]\mathrm{d}^3\boldsymbol{r} \tag{2.8.62}$$

得交换关联势为

$$V_{XC}[\rho]=\frac{\delta E_{XC}[\rho]}{\delta\rho}=\varepsilon_{XC}[\rho]+\rho\frac{\delta\varepsilon_{XC}[\rho]}{\delta\rho} \tag{2.8.63}$$

此近似称为局部密度近似（Local Density Approximation，LDA）。$\varepsilon_{XC}[\rho]$ 又可分为交换能密度和关联能密度两部分。交换能密度 $\varepsilon_X^h[\rho]$ 一般采用均匀电子气模型给出，即

$$\varepsilon_{XC}[\rho]=-\frac{3}{4}\left(\frac{3\rho^{\mathrm{tot}}}{\pi}\right)^{\frac{1}{3}} \tag{2.8.64}$$

式中，ρ^{tot} 为总态密度。关联能密度通常没有严格的解析解，主要表达方式是基于 Ceperley（塞珀利）和 Alder（阿尔德）对于均匀电子气的蒙特卡罗模拟，将函数形式拟合后得到近似解，常见的有 CA-PZ 和 VMN。

LDA 适用于电荷密度变化缓慢的体系（如金属）和电荷密度较高的体系（如过渡族金属）。但对电荷密度分布不均匀的体系，如化学反应的过渡态、有机大分子等，误差较大。对强关联体系、禁带宽度、范德瓦尔斯力等计算也不准确。为了弥补 LDA 的缺点，引入了半局域化修正模型的广义梯度近似方法（Generalized Gradient Approximation，GGA）。GGA 使用电荷梯度来修正电荷密度的局域变化，常见的有 PW91、PBE 以及 RPBE。

DFT 的局限性：

（1）对电子激发态的计算只有有限的精确性。Hohenberg-Kohn 定理都只针对基态能量。

（2）半导体和绝缘体的带隙被低估，普遍大于 1 eV。

（3）原子、分子间的范德华力即电子的长程关联效应需要更高级的波函数，现在已有一些解决方案。

（4）计算成本高，几百个原子的计算耗时太长，容易出错。目前，GPU 技术似乎可以解决这类问题。

扩展：

梅尔曼（N.D.Mermin）将 DFT 推广到非零温度。通过内在的自由能泛函，完整的统计力学的密度泛函理论也快速地建立了起来。

使用密度泛函解决问题这一思想也被用于其他领域，如经典力学中的流体力学，其密度为流体密度。

基于 DFT 的计算流程：

在计算物理性质之前一般要先对结构模型进行几何优化（Geometry Optimization）。利

用自洽场(SCF)方法求解 Kohn-Sham 方程，根据设定参数，即能量、力、应力、位移的容忍值来判断晶体的结构是否为稳定结构，此时体系的总能量最小。如果不是稳定结构，需要重新设置晶格参数进行计算，方法见下一节。进行物理性质的计算机模拟时，直接引用文献或者实验测量的结构未必是程序所认为的稳定结构。因为不同的参数设置会得到不同的近似结果，与别人的计算或实验值会有差异。如果计算晶格振动谱，必须先进行最高精度的结构优化，达到程序认可的稳定结构，才能进行下一步的计算，否则会因结构不够稳定，程序认为有外应力存在而出现虚频。图 2.8.1 给出了从结构优化到性质计算的流程。

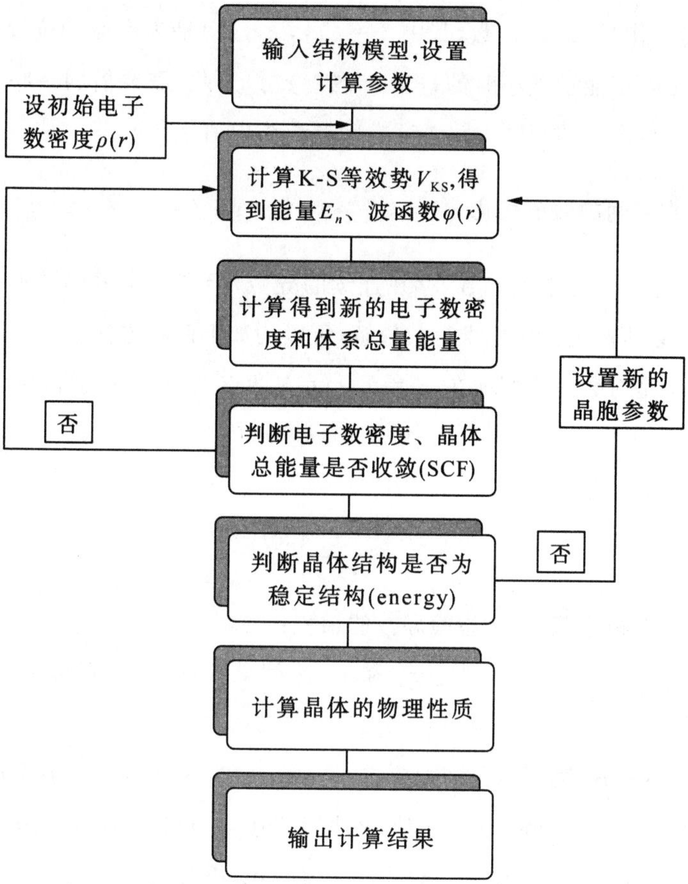

图 2.8.1　基于 DFT 的计算流程

2.9 数值优化与几何优化

对一个晶体进行结构优化，在计算中就是优化原胞的结构。如果原胞中有 N 个原子，可以把能量看作是 $E(x)$ 函数，其中 $x=(x_1,x_2,\cdots)$ 是表示原子位置的 $3N$ 维矢量。现在的任务就是确定能量最小时的每个 x 的参数。为此，需要借助一些方法，更有效率地处理具有多个自由度的问题。解决这类问题称为数值优化。

2.9.1 一维空间的数值优化

假设 $f(x)$ 是一个光滑的函数，存在连续的导数，但有复杂的函数形式，无法用代数法求解极小值，必须使用计算机求得数值解，可以用如下两种方法：

第一种方法是对分法。假如在 $x_1=a$，$x_2=b$ 两点之间寻找极值，前提条件为

$$f'(x_1)f'(x_2)<0 \tag{2.9.1}$$

先考察二者中点的导数值 $f'(x^*)$，其中

$$x^*=\frac{x_1+x_2}{2} \tag{2.9.2}$$

假设区间只有一个极小值，分别检验导数的乘积：

(1)若 $f'(x^*)f'(x_1)<0$，则在 x_1 和 x^* 之间继续寻找，否则在 x_2 和 x^* 之间继续寻找。

(2)重复上述步骤，直到满足精度要求，$|x_{n+1}^*-x_n^*|<\delta$，δ 表示容忍值。

例如，寻找 $f(x)=\mathrm{e}^{-x}\cos x$ 的极小值，并取容忍值 $\delta=0.01$。该函数在 $x=2.35619449\cdots$ 处取得极小值。如果从 $x_1=1.8$ 和 $x_2=3.0$ 两点开始，计算机会生成一系列近似解：

$$x^*=2.4,2.1,2.25,2.325,2.3625,2.34375,2.353125,\cdots$$

可见，计算七次之后，满足收敛标准，计算终止。

第二种方法是牛顿法。定义 $g(x)$ 为

$$g(x)=f'(x) \tag{2.9.3}$$

根据泰勒展开，当位置改变一微量 h 时可得

$$g(x+h)\approx g(x)+hg'(x) \tag{2.9.4}$$

该表达式忽略了 h 的高阶项，只有当 h 值很小时才是精确的。当我们在 $g(x)\neq 0$ 的位

置上寻找极值时，可以根据以上方程给出一个良好的估计值，即

$$x^{*}=x+h=x-\frac{g(x)}{g'(x)} \tag{2.9.5}$$

重复以上计算，可以很快收敛。同上述问题，当从 $x=1.8$ 开始寻找 $f(x)=\mathrm{e}^{-x}\cos x$ 的极小值时，会生成一系列近似解：

$$x^{*}=1.8, 2.183348, 2.331986, 2.355677, 2.3554688, \cdots$$

显然，牛顿法收敛速度更快，优于对分法。

以上例子说明了数值优化的普遍特点，即

(1)这些算法都是迭代的，因此无法给出精确解。它给出的是一系列精确解的逼近值。

(2)使用这些算法时，必须提供一个真实解的初始估值。对于如何给出初始值，算法本身并不能给出任何信息。

(3)迭代次数由设定的容忍值参数即收敛标准决定。这个参数给出了当前值与真实解的接近程度。

(4)使用不同的容忍值或者初始值，多次迭代后会生成多个彼此接近的最终近似解，但它们并不相同。

(5)使用不同算法，收敛速度相当不同，因此，选择合适的算法能极大地降低迭代次数。

此外，还要知道：

(1)不同的初始值可以生成多个极小值，不能保证找到了所有的极小值。

(2)无法保证该方法能从一个初始值收敛于真实解。

2.9.2　大于一维的数值优化

材料的结构优化计算是通过不断改变原胞中的原子位置，对原胞总能量进行最小化的过程。如果定义

$$g(\boldsymbol{x})=\nabla E \tag{2.9.6}$$

$$g_i(\boldsymbol{x})=\frac{\partial E}{\partial x_i} \tag{2.9.7}$$

最小化 $E(\boldsymbol{x})$ 相当于找到原子位置 $\boldsymbol{x}$，使 $g(\boldsymbol{x})=0$。把一维的对分法应用于求解多维问题并不是很容易，但是可以把一维牛顿法按同样的思路推广到多维。定义 $3N\times 3N$ 的导数矩阵 $H(\boldsymbol{x})$(Hessian 矩阵)，其元素为能量的二阶偏导数，即

$$H_{ij}(\boldsymbol{x})=\frac{\partial E}{\partial x_i \partial x_j} \tag{2.9.8}$$

牛顿法的迭代公式为

$$\boldsymbol{x}_{k+1}=\boldsymbol{x}_k-H^{-1}(\boldsymbol{x}_k)g(\boldsymbol{x}_k) \tag{2.9.9}$$

考虑有 10 个原子的情形，则共有 30 个坐标变量，需要求解一个 30×30 矩阵的线性代数问题。可见随着问题变量的增加，处理多维优化所需的数值计算工作量也极大地增加。事实上，牛顿法不能应用于 DFT 的结构优化中。这不仅因为牛顿法的效率不高，更主要的原因是平面波 DFT 方法很难直接估算能量的二阶偏导数。因此，必须寻找其他方法，例如最速下降法和共轭梯度法，这里不做繁琐证明，仅用一个简单的例子来说明这两种算法的思路。

计算二维能量函数 $E(\boldsymbol{x})=3x^2+y^2$ 的极小值，其中坐标向量为 $\boldsymbol{x}=\begin{pmatrix}x\\y\end{pmatrix}$。$E(\boldsymbol{x})$是一个正定二次函数，表示成矩阵形式为

$$E(\boldsymbol{x})=\frac{1}{2}\boldsymbol{x}^{\mathrm{T}}A\boldsymbol{x},\quad A=\begin{pmatrix}6&0\\0&2\end{pmatrix} \tag{2.9.10}$$

显然，极值点在 $\begin{pmatrix}0\\0\end{pmatrix}$ 位置。

假如从初值 $\boldsymbol{x}_0=\begin{pmatrix}1\\1\end{pmatrix}$ 开始寻找，函数下降最快的方向是梯度负值所定义的方向，即 $\boldsymbol{p}_0=-\nabla E(\boldsymbol{x}_0)=-\begin{pmatrix}6\\2\end{pmatrix}$。沿着此方向选择一个步长 a_0，就给出第一步估算值，即

$$\boldsymbol{x}_1=\boldsymbol{x}_0+a_0\boldsymbol{p}_0 \tag{2.9.11}$$

步长 a_0 的最优化条件是使函数 $E(\boldsymbol{x})$在 $\boldsymbol{x}_1$ 处取极小值，即在式(2.9.11)定义的直线上找函数 $E(\boldsymbol{x})$的最小值点。把式(2.9.11)代入 $E(\boldsymbol{x})$中，再令其对 a_0 的导数等于 0，可解得 $a_0=\frac{5}{28}$，于是 $\boldsymbol{x}_1=\begin{pmatrix}-\frac{1}{14}\\ \frac{9}{14}\end{pmatrix}$。以上说的是由初始的 $\boldsymbol{x}_0$ 和 $\boldsymbol{p}_0$ 给出 $\boldsymbol{x}_1$，如此就完成了第一步。第二步就是从 $\boldsymbol{x}_1$ 处寻找，这就需要先确定新的迭代方向 $\boldsymbol{p}_1$。

最速下降法(Steepest Descent Methods)每次迭代选择的方向都是梯度的反方向，即能量 $E(\boldsymbol{x})$下降最快的方向，也就是

$$\begin{aligned}\boldsymbol{p}_k&=-\nabla E(\boldsymbol{x}_k)\\ \boldsymbol{x}_{k+1}&=\boldsymbol{x}_k+a_k\boldsymbol{p}_k\end{aligned} \tag{2.9.12}$$

如图 2.9.1 所示，最优步长 a_k 使直线$\overrightarrow{x_k x_{k+1}}$在 $\boldsymbol{x}_{k+1}$处与等能线相切，因此 $\boldsymbol{x}_{k+1}$处的梯度

方向必与上一次的梯度方向正交，即 $\boldsymbol{p}_{k+1}\cdot\boldsymbol{p}_k=0$。这个算法的优点就是迭代方向很容易确定，若等能线为同心圆，则会一次命中，但若在能量狭长的地方，搜寻方式会在两山壁之间来回振荡，使得迭代次数变多，收敛缓慢。

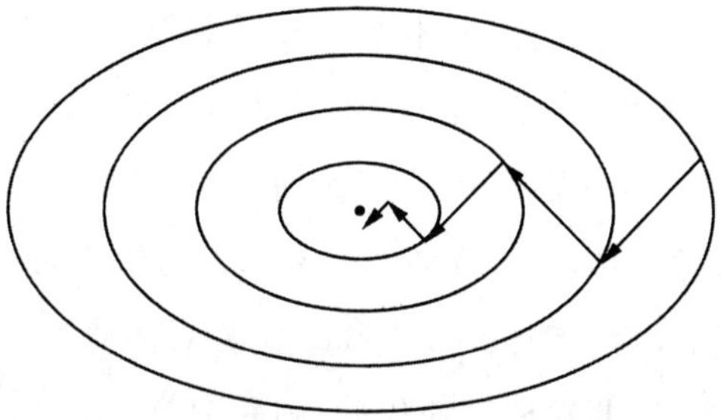

图 2.9.1 最速下降法

共轭梯度法可以看作是最速下降法的优化，它要求每次迭代方向 $\boldsymbol{p}_k$ 都要与前面所有的迭代方向 $\{\boldsymbol{p}_{k-1},\cdots,\boldsymbol{p}_0\}$ 共轭正交。例如对于上述能量函数 $E(\boldsymbol{x})$，要求 $\boldsymbol{p}_1$ 与 $\boldsymbol{p}_0$ 共轭正交，即

$$\boldsymbol{p}_0^{\mathrm{T}}A\ \boldsymbol{p}_1=0 \tag{2.9.13}$$

令 $\boldsymbol{p}_1=-\nabla E(\boldsymbol{x}_1)+\beta_1\boldsymbol{p}_0$，代入上式可得

$$\beta_1=\frac{\boldsymbol{p}_0^{\mathrm{T}}A\ \nabla E(\boldsymbol{x}_1)}{\boldsymbol{p}_0^{\mathrm{T}}A\boldsymbol{p}_0} \tag{2.9.14}$$

于是可得

$$\boldsymbol{p}_1=-\nabla E(\boldsymbol{x}_1)+\frac{\boldsymbol{p}_0^{\mathrm{T}}A\ \nabla E(\boldsymbol{x}_1)}{\boldsymbol{p}_0^{\mathrm{T}}A\ \boldsymbol{p}_0}\boldsymbol{p}_0 \tag{2.9.15}$$

现在，沿着 $\boldsymbol{p}_1$ 方向由 $\boldsymbol{x}_1$ 前行到 $\boldsymbol{x}_2$，即

$$\boldsymbol{x}_2=\boldsymbol{x}_1+a_1\boldsymbol{p}_1 \tag{2.9.16}$$

同样优化步长 a_1，使 $E(\boldsymbol{x})$在 $\boldsymbol{x}_2$ 处取极值，会发现 $\boldsymbol{x}_2=\begin{pmatrix}0\\0\end{pmatrix}$，这正是要找的结果。

以上是一个二维空间的例子，共轭梯度法只需要两步迭代，即可给出最终结果，这是因为二维空间中相互共轭正交的方向只有两个。推广到 N 维空间，共轭梯度法给出 N 个相互共轭正交的迭代方向 $\{\boldsymbol{p}_0,\boldsymbol{p}_1,\cdots,\boldsymbol{p}_{N-1}\}$，经过 N 次迭代后必然得到所求的极值点。

练习题 2-23：利用共轭梯度法，计算 $E(\boldsymbol{x})=3x^2+y^2$ 的最小值。

2.9.3 几何优化

为了模拟一个气相分子，比如氮气 N_2，可以先建立边长为 L 的晶胞，把两个氮原子分别放在这个晶胞的分数坐标(0,0,0)和$(\frac{d}{L},0,0)$。只要L显著大于d的长度,那么在CASTEP计算中,该分子的周期性对总能的影响就很小,尤其对N_2这样没有偶极矩的分子。

可以定义收敛标准为两个原子上的力的数量级小于0.1 V/nm。考虑把原子位置稍微改变Δr(Δr为一个很小的量),这一变化所导致的总能量可以估算为$|\Delta E| \approx |F\Delta r|$。当移动0.01 nm时,对于化学键长已经是一个相当大的距离,此时能量变化小于0.001 eV。这是一个很小的量,可见用力的数量级作为收敛标准是合理的。

两个原子距离的初始值选择应尽量合理。当设置初始值为0.1 nm时,计算11次迭代后,将达到力的收敛标准,给出键长0.112 nm,实验观测值为0.11 nm。如果设置初始值为0.07 nm时,经历了25次共轭梯度迭代后,间距变为0.212 nm,结果变得更糟,并且仍未收敛。因为当间距太短时,相当于物理上对其键长进行了极大的压缩,会产生一个非常大的排斥力。由于优化算法要根据某个位置上的能量导数估算总能的变化,数值算法认为两个原子要彼此分开,会采用一个较大的步长,从而将两个原子分隔开一个更大的距离。这样,该计算无法回到原有状态,则无法找到最小值,导致计算失败。也就是说,初始的几何构型在化学上不是真实合理的,计算很有可能失败。

对于计算CO_2,水平放置三个原子,初始间距为0.13 nm,采用如上收敛标准,最终得到优化后的C—O键长为0.117 nm,键角为180°,结果似乎合理。试想,考察O的受力情况,由于对称性,受力只沿着C—O—C方向,无论原子间距怎么改变,在其他两个正交方向上的受力都是零。这样,键角永远不会改变,保持初始值。优化这个分子另一个可靠的方法是稍微改变一下键角,会得到结果为键长为0.117 nm,键角为179.82°,实验上已知CO_2是直线分子,键长为0.12 nm。这样做的好处是避免了可能存在的陷阱。

优化一部分原子的位置,保持其他原子位置不动,在上述前提下实现晶胞能量的最小化,对很多计算是很有意义的。比如固体表面,考虑到少量的吸附原子不大可能改变材料的整体结构,可以固定内层原子位置,只优化表面与吸附原子的位置。

如果不需要进行几何优化,最基本的DFT计算就是计算给定结构的一组原子的总能,称为单点能计算,可在此基础上同时设定物理性质的计算,计算过程就是SCF的迭代计算。初始的电荷密度可近似为孤立原子的电荷密度,这是大多数DFT计算软件的通用做法。但是,如果能够得到一个更好的近似值,就能够更快地找到自洽解。因此,如果已经计算过非常类似于当前原子构型的另一个情形的电荷密度,可以用作一个较好的初始值近似。比较两次计算的电荷密度并不方便,通常做法是每次迭代后都计算总能量,以连续两次迭代得到的能量差作为收敛标准。一旦找到了一个较好的电荷密度近似,会快速收敛,即使把容忍值减小若干数量级,也常常只会增加较少的迭代步骤。

第3章　电子波函数与晶格动力学

3.1　布洛赫定理

3.1.1　固体能带计算的三个近似

晶体中的电子不再束缚于个别原子，而是在一个具有晶格周期性的势场中做共有化运动。对应于独立原子中电子的一个能级，在晶体中展宽成一条能带。能带理论成功地解释了固体的许多物理特性，是研究固体性质的重要理论。能带理论采用了三个近似：

(1)绝热近似：将原子核的运动与电子的运动分开。

(2)单电子近似：每个电子的运动独立于一个等效势场，这个势场包括原子核及其他电子对该电子的平均作用势(库仑势和交换关联势)。

(3)周期性等效势场近似：把固体抽象成具有平移周期性的理想晶体，将固体中电子的运动归结为单电子在周期性势场中的运动，其波动方程为

$$\left(-\frac{\hbar^2}{2m}\nabla^2+V(\boldsymbol{r})\right)\psi_n=E\psi_n \tag{3.1.1}$$

其势能具有如下形式：

$$V(\boldsymbol{r})=V(\boldsymbol{r}+\boldsymbol{R}_n) \tag{3.1.2}$$

式中，$\boldsymbol{R}_n=n_1\boldsymbol{a}_1+n_2\boldsymbol{a}_2+n_3\boldsymbol{a}_3$ 是正格矢，n_1,n_2,n_3 是任意整数，$\boldsymbol{a}_1,\boldsymbol{a}_2,\boldsymbol{a}_3$ 是原胞基矢。

3.1.2　布洛赫定理

现在根据晶体中等效势场的周期性，讨论哈密顿函数的性质。引入平移算符 $\hat{T}(\boldsymbol{R}_n)$，设

$$\hat{T}(\boldsymbol{R}_n)f(\boldsymbol{r})=f(\boldsymbol{r}+\boldsymbol{R}_n) \tag{3.1.3}$$

在直角坐标系中

$$\boldsymbol{r}=x\boldsymbol{i}+y\boldsymbol{j}+z\boldsymbol{k} \tag{3.1.4}$$

$$\boldsymbol{r}+\boldsymbol{R}_n=(x+R_{nx})\boldsymbol{i}+(y+R_{ny})\boldsymbol{j}+(z+R_{nz})\boldsymbol{k} \tag{3.1.5}$$

$$\nabla^2(\boldsymbol{r})=\frac{\partial^2}{\partial x^2}+\frac{\partial^2}{\partial y^2}+\frac{\partial^2}{\partial z^2} \tag{3.1.6}$$

$$\nabla^2(\boldsymbol{r}+\boldsymbol{R}_n)=\frac{\partial^2}{\partial(x+R_{nx})^2}+\frac{\partial^2}{\partial(y+R_{ny})^2}+\frac{\partial^2}{\partial(z+R_{nz})^2}=\nabla^2(\boldsymbol{r}) \tag{3.1.7}$$

$$\begin{aligned}\hat{H}(\boldsymbol{r})&=-\frac{\hbar^2}{2m}\nabla^2(\boldsymbol{r})+V(\boldsymbol{r})\\&=-\frac{\hbar^2}{2m}\nabla^2(\boldsymbol{r}+\boldsymbol{R}_n)+V(\boldsymbol{r}+\boldsymbol{R}_n)=\hat{H}(\boldsymbol{r}+\boldsymbol{R}_n)\end{aligned} \tag{3.1.8}$$

$$\hat{T}(\boldsymbol{R}_n)\hat{H}(\boldsymbol{r})\psi(\boldsymbol{r})=\hat{H}(\boldsymbol{r}+\boldsymbol{R}_n)\psi(\boldsymbol{r}+\boldsymbol{R}_n)=\hat{H}(\boldsymbol{r})\hat{T}(\boldsymbol{R}_n)\psi(\boldsymbol{r}) \tag{3.1.9}$$

故 $\hat{T}(\boldsymbol{R}_n)$和 $\hat{H}(\boldsymbol{r})$对易,有共同的本征函数。因此,定态波函数是平移算符的本征函数,满足

$$\hat{T}(\boldsymbol{R}_n)\psi(\boldsymbol{r})=\psi(\boldsymbol{r}+\boldsymbol{R}_n)=\lambda(\boldsymbol{R}_n)\psi(\boldsymbol{r}) \tag{3.1.10}$$

根据平移的特点,即

$$\begin{aligned}\hat{T}(\boldsymbol{R}_n)&=\hat{T}(n_1\boldsymbol{a}_1+n_2\boldsymbol{a}_2+n_3\boldsymbol{a}_3)=\hat{T}(n_1\boldsymbol{a}_1)\hat{T}(n_2\boldsymbol{a}_2)\hat{T}(n_3\boldsymbol{a}_3)\\&=(\hat{T}(\boldsymbol{a}_1))^{n_1}(\hat{T}(\boldsymbol{a}_2))^{n_2}(\hat{T}(\boldsymbol{a}_3))^{n_3}\end{aligned} \tag{3.1.11}$$

可以得到

$$\hat{T}(\boldsymbol{R}_n)\psi(\boldsymbol{r})=\lambda(\boldsymbol{R}_n)\psi(\boldsymbol{r})=(\lambda(\boldsymbol{a}_1))^{n_1}(\lambda(\boldsymbol{a}_2))^{n_2}(\lambda(\boldsymbol{a}_3))^{n_3}\psi(\boldsymbol{r}) \tag{3.1.12}$$

即

$$\lambda(\boldsymbol{R}_n)=(\lambda(\boldsymbol{a}_1))^{n_1}(\lambda(\boldsymbol{a}_2))^{n_2}(\lambda(\boldsymbol{a}_3))^{n_3} \tag{3.1.13}$$

设晶体沿 $\boldsymbol{a}_1,\boldsymbol{a}_2,\boldsymbol{a}_3$ 各有 N_1,N_2,N_3 个原胞,依周期性边界条件知

$$\psi(\boldsymbol{r})=\psi(\boldsymbol{r}+N_1\boldsymbol{a}_1) \tag{3.1.14}$$

由此可得

$$\hat{T}(N_1\boldsymbol{a}_1)\psi(\boldsymbol{r})=(\lambda(\boldsymbol{a}_1))^{N_1}\psi(\boldsymbol{r})=\psi(\boldsymbol{r}+N_1\boldsymbol{a}_1)=\psi(\boldsymbol{r}) \tag{3.1.15}$$

所以

$$(\lambda(\boldsymbol{a}_1))^{N_1}=1 \tag{3.1.16}$$

其解的形式应如下:

$$(\lambda(\boldsymbol{a}_1))^{N_1}=\mathrm{e}^{\mathrm{i}2\pi l_1}=\mathrm{e}^{\mathrm{i}N_1\varepsilon} \tag{3.1.17}$$

式中,l_1 为整数,标量 ε 应该与矢量 $\boldsymbol{a}_1$ 有关,可令

$$\varepsilon=\boldsymbol{k}_1\cdot\boldsymbol{a}_1 \tag{3.1.18}$$

则有

$$N_1 \boldsymbol{k}_1 \cdot \boldsymbol{a}_1 = 2\pi l_1 \tag{3.1.19}$$

同理可得

$$N_2 \boldsymbol{k}_2 \cdot \boldsymbol{a}_2 = 2\pi l_2 \tag{3.1.20}$$

$$N_3 \boldsymbol{k}_3 \cdot \boldsymbol{a}_3 = 2\pi l_3 \tag{3.1.21}$$

根据倒格矢定义 $\boldsymbol{b}_1, \boldsymbol{b}_2, \boldsymbol{b}_3$，可知

$$\boldsymbol{a}_i \cdot \boldsymbol{b}_j = 2\pi\delta_{ij} \quad (i,j=1,2,3) \tag{3.1.22}$$

故可取

$$\boldsymbol{k}_1 = \frac{l_1}{N_1}\boldsymbol{b}_1, \quad \boldsymbol{k}_2 = \frac{l_2}{N_2}\boldsymbol{b}_2, \quad \boldsymbol{k}_3 = \frac{l_3}{N_3}\boldsymbol{b}_3 \tag{3.1.23}$$

此时

$$\lambda(\boldsymbol{a}_1) = \mathrm{e}^{\mathrm{i}\frac{l_1}{N_1}\boldsymbol{b}_1 \cdot \boldsymbol{a}_1} \tag{3.1.24}$$

$$\lambda(\boldsymbol{a}_2) = \mathrm{e}^{\mathrm{i}\frac{l_2}{N_2}\boldsymbol{b}_2 \cdot \boldsymbol{a}_2} \tag{3.1.25}$$

$$\lambda(\boldsymbol{a}_3) = \mathrm{e}^{\mathrm{i}\frac{l_3}{N_3}\boldsymbol{b}_3 \cdot \boldsymbol{a}_3} \tag{3.1.26}$$

综上，可得

$$\begin{aligned}\lambda(\boldsymbol{R}_n) &= (\lambda(\boldsymbol{a}_1))^{n_1}(\lambda(\boldsymbol{a}_2))^{n_2}(\lambda(\boldsymbol{a}_3))^{n_3} \\ &= \mathrm{e}^{\mathrm{i}\left(\frac{l_1}{N_1}\boldsymbol{b}_1 \cdot n_1\boldsymbol{a}_1 + \frac{l_2}{N_2}\boldsymbol{b}_2 \cdot n_2\boldsymbol{a}_2 + \frac{l_3}{N_3}\boldsymbol{b}_3 \cdot n_3\boldsymbol{a}_3\right)}\end{aligned} \tag{3.1.27}$$

令

$$\boldsymbol{k} = \frac{l_1}{N_1}\boldsymbol{b}_1 + \frac{l_2}{N_2}\boldsymbol{b}_2 + \frac{l_3}{N_3}\boldsymbol{b}_3 \tag{3.1.28}$$

$$\lambda(\boldsymbol{R}_n) = \mathrm{e}^{\mathrm{i}\boldsymbol{k} \cdot \boldsymbol{R}_n} \tag{3.1.29}$$

波函数具有如下形式：

$$\psi_k(\boldsymbol{r}+\boldsymbol{R}_n) = \hat{T}(\boldsymbol{R}_n)\psi_k(\boldsymbol{r}) = \lambda(\boldsymbol{R}_n)\psi_k(\boldsymbol{r}) = \mathrm{e}^{\mathrm{i}\boldsymbol{k} \cdot \boldsymbol{R}_n}\psi_k(\boldsymbol{r}) \tag{3.1.30}$$

此即布洛赫(Bloch)定理。

当电子波函数为平面波函数时，令

$$\psi_k(\boldsymbol{r}) = \mathrm{e}^{\mathrm{i}\boldsymbol{k} \cdot \boldsymbol{r}} \tag{3.1.31}$$

$$\psi_k(\boldsymbol{r}+\boldsymbol{R}_n) = \mathrm{e}^{\mathrm{i}\boldsymbol{k} \cdot (\boldsymbol{r}+\boldsymbol{R}_n)} = \mathrm{e}^{\mathrm{i}\boldsymbol{k} \cdot \boldsymbol{R}_n}\mathrm{e}^{\mathrm{i}\boldsymbol{k} \cdot \boldsymbol{r}} = \mathrm{e}^{\mathrm{i}\boldsymbol{k} \cdot \boldsymbol{R}_n}\psi_k(\boldsymbol{r}) \tag{3.1.32}$$

可见，$\boldsymbol{k}$ 具有波矢的意义。当波矢增加一个倒格矢时，可得

$$\boldsymbol{K}_h = h_1\boldsymbol{b}_1 + h_2\boldsymbol{b}_2 + h_3\boldsymbol{b}_3 \tag{3.1.33}$$

因为

$$\boldsymbol{K}_h \cdot \boldsymbol{R}_n = 2\pi(n_1h_1 + n_2h_2 + n_3h_3) \tag{3.1.34}$$

所以

$$e^{i\boldsymbol{K}_h \cdot \boldsymbol{R}_n} = 1 \tag{3.1.35}$$

因此，波函数为

$$\psi_k(\boldsymbol{r}) = e^{i(\boldsymbol{k}+\boldsymbol{K}_h)\boldsymbol{r}} \tag{3.1.36}$$

也能满足布洛赫定理。因此，实际波函数可以写成一系列平面波的线性叠加，即

$$\psi_k(\boldsymbol{r}) = \sum_h a_{\boldsymbol{k}+\boldsymbol{K}_h} e^{i(\boldsymbol{k}+\boldsymbol{K}_h)\cdot \boldsymbol{r}} = e^{i\boldsymbol{k}\cdot \boldsymbol{r}} \sum_h a_{\boldsymbol{k}+\boldsymbol{K}_h} e^{i\boldsymbol{K}_h \cdot \boldsymbol{r}} \tag{3.1.37}$$

令

$$u_k(\boldsymbol{r}) = \sum_h a_{\boldsymbol{k}+\boldsymbol{K}_h} e^{i\boldsymbol{K}_h \cdot \boldsymbol{r}} \tag{3.1.38}$$

则可得

$$\psi_k(\boldsymbol{r}) = e^{i\boldsymbol{k}\cdot \boldsymbol{r}} u_k(\boldsymbol{r}) \tag{3.1.39}$$

$$\begin{aligned} u_k(\boldsymbol{r}+\boldsymbol{R}_n) &= \sum_h a_{\boldsymbol{k}+\boldsymbol{K}_h} e^{i\boldsymbol{K}_h \cdot (\boldsymbol{r}+\boldsymbol{R}_n)} = \sum_h a_{\boldsymbol{k}+\boldsymbol{K}_h} e^{i\boldsymbol{K}_h \cdot \boldsymbol{r}} e^{i\boldsymbol{K}_h \cdot \boldsymbol{R}_n} \\ &= \sum_h a_{\boldsymbol{k}+\boldsymbol{K}_h} e^{i\boldsymbol{K}_h \cdot \boldsymbol{r}} = u_k(\boldsymbol{r}) \end{aligned} \tag{3.1.40}$$

将 $u_k(\boldsymbol{r})$ 看作平面波的振幅，则有以下推论：

推论 1：电子在晶体中的波函数是按晶格周期调幅的平面波。

同时

$$u_{\boldsymbol{k}+\boldsymbol{K}_m}(\boldsymbol{r}) = \sum_h a_{\boldsymbol{k}+\boldsymbol{K}_m+\boldsymbol{K}_h} e^{i\boldsymbol{K}_h \cdot \boldsymbol{r}} = \sum_l a_{\boldsymbol{k}+\boldsymbol{K}_l} e^{i(\boldsymbol{K}_l-\boldsymbol{K}_m)\cdot \boldsymbol{r}} \tag{3.1.41}$$

$$\begin{aligned} \psi_{\boldsymbol{k}+\boldsymbol{K}_m}(\boldsymbol{r}) &= e^{i(\boldsymbol{k}+\boldsymbol{K}_m)\cdot \boldsymbol{r}} u_{\boldsymbol{k}+\boldsymbol{K}_m}(\boldsymbol{r}) = e^{i(\boldsymbol{k}+\boldsymbol{K}_m)\cdot \boldsymbol{r}} \sum_l a_{\boldsymbol{k}+\boldsymbol{K}_l} e^{i(\boldsymbol{K}_l-\boldsymbol{K}_m)\cdot \boldsymbol{r}} \\ &= e^{i\boldsymbol{k}\cdot \boldsymbol{r}} \sum_l a_{\boldsymbol{k}+\boldsymbol{K}_l} e^{i\boldsymbol{K}_l \cdot \boldsymbol{r}} = \psi_{\boldsymbol{k}}(\boldsymbol{r}) \end{aligned} \tag{3.1.42}$$

推论 2：$\psi_{\boldsymbol{k}+\boldsymbol{K}_m}(\boldsymbol{r}) = \psi_k(\boldsymbol{r})$。这说明 $\boldsymbol{k}$ 与 $\boldsymbol{k}+\boldsymbol{K}_m$ 实际是同一个电子态，对应同一个能量本征值。

3.1.3 第一布里渊区

由于对应一个能量本征值 $E(\boldsymbol{k})$ 有无数个本征波函数 $\psi_{\boldsymbol{k}+\boldsymbol{K}_m}(\boldsymbol{r})$，为使 $\boldsymbol{k}$ 与 $E(\boldsymbol{k})$ 一一对应，只须把 $\boldsymbol{k}$ 值限制在一个倒格原胞内，即

$$0 < \boldsymbol{k}_i \leqslant \boldsymbol{b}_i \quad (i=1,2,3) \tag{3.1.43}$$

$$0 < \frac{l_i}{N_i}\boldsymbol{b}_i \leqslant \boldsymbol{b}_i \tag{3.1.44}$$

$$0 < l_i \leqslant N_i \tag{3.1.45}$$

l_i 可取 N_i 个整数值，即 $\boldsymbol{k}_i$ 可取 N_i 个值。因此，电子的波矢 $\boldsymbol{k}$ 的总取值数等于晶体的原胞数，即

$$N = N_1 N_2 N_3 \tag{3.1.46}$$

N 很大时，$\boldsymbol{k}$ 的分布准连续，一个 $\boldsymbol{k}$ 对应的体积为

$$\frac{\boldsymbol{b}_1}{N_1} \cdot \left(\frac{\boldsymbol{b}_2}{N_2} \times \frac{\boldsymbol{b}_3}{N_3}\right) = \frac{\Omega^*}{N} = \frac{(2\pi)^3}{N\Omega} = \frac{(2\pi)^3}{V_c} \tag{3.1.47}$$

式中，Ω^*、Ω 分别是倒格原胞和正格原胞的体积，V_c 是宏观材料的体积。因此，电子的波矢在倒格空间是均匀分布的，其波矢密度为 $\frac{V_c}{(2\pi)^3}$。因为能量是波矢的偶函数，为方便，可将电子波矢限制在如下范围：

$$-\frac{\boldsymbol{b}_i}{2} < \boldsymbol{k}_i \leqslant \frac{\boldsymbol{b}_i}{2} \quad (i = 1, 2, 3) \tag{3.1.48}$$

这个区间称为第一布里渊区或简约布里渊区。由其构成的三维区域是具有中心反演对称的正多面体，其体积与倒格原胞的体积相等，同样满足 $\boldsymbol{k}$ 与 $E(\boldsymbol{k})$ 一一对应的关系。因为第一布里渊区具有高度对称性，所以可大大减少波矢的计算量。

练习题 3-1： 设材料有 N 个原胞，请给出第一布里渊区的体积与材料宏观体积的关系式。

3.2　近自由电子近似

3.2.1　电子波函数与能量

将价电子在晶格中的运动看作是自由电子受到一个周期性势场的扰动，用平均势场 $\bar{V}$ 代替 $V(x)$，而把周期起伏 $[V(x) - \bar{V}]$ 看作微扰项，这称为近自由电子近似。以一维晶格为例，其薛定谔方程为

$$\left(-\frac{\hbar^2}{2m}\frac{\mathrm{d}^2}{\mathrm{d}x^2} + V(x)\right)\psi_k(x) = E(x)\psi_k(x) \tag{3.2.1}$$

将周期势展成幂指数形式的傅立叶级数，有利于求解

$$V(x) = \sum_n V_n \mathrm{e}^{\mathrm{i}\lambda_n x} \tag{3.2.2}$$

因为

$$V(x) = V(x + a) = \sum_n V_n \mathrm{e}^{\mathrm{i}\lambda_n (x+a)} = \sum_n V_n \mathrm{e}^{\mathrm{i}\lambda_n x} \tag{3.2.3}$$

可得

$$e^{i\lambda_n a}=1 \tag{3.2.4}$$

故 λ_n 必为倒格矢，即

$$\lambda_n=\frac{2\pi}{a}n \tag{3.2.5}$$

得周期势展开式为

$$V(x)=\sum_n V_n e^{i\frac{2\pi}{a}n\cdot x} \tag{3.2.6}$$

其中

$$V_n=\frac{1}{a}\int_0^a V(x)(e^{i\frac{2\pi}{a}n\cdot x})^* dx \tag{3.2.7}$$

$$V_n^*=\frac{1}{a}\int_0^a V(x)(e^{i\frac{2\pi}{a}n\cdot x})dx=\frac{1}{a}\int_0^a V(x)(e^{i\frac{2\pi}{a}(-n)\cdot x})^* dx=V_{-n} \tag{3.2.8}$$

将 $n=0$ 项分离出来，可得

$$V(x)=V_0+\Delta V=V_0+\sum_{n\neq 0}{}' V_n e^{i\frac{2\pi}{a}nx} \tag{3.2.9}$$

$$V_0=\frac{1}{a}\int_0^a V(x)dx \tag{3.2.10}$$

即平均势，可令 $V_0=0$。同时，将零级哈密顿量分离出来，可得

$$\hat{H}=\hat{H}_0+\hat{H}' \tag{3.2.11}$$

其中

$$\hat{H}_0=-\frac{\hbar^2}{2m}\frac{d^2}{dx^2}+V_0=-\frac{\hbar^2}{2m}\frac{d^2}{dx^2} \tag{3.2.12}$$

$$\hat{H}'=\sum_{n\neq 0}{}' V_n e^{i\frac{2\pi}{a}nx}=\Delta V \tag{3.2.13}$$

$$\hat{H}_0\psi_k^0(x)=E^0(k)\psi_k^0(x) \tag{3.2.14}$$

由此可得近自由电子的零级能量和零级波函数分别为

$$E^0(k)=\frac{\hbar^2k^2}{2m} \tag{3.2.15}$$

$$\psi_k^0(x)=\frac{1}{\sqrt{L}}e^{ikx} \tag{3.2.16}$$

满足

$$\int_0^L \psi_{k'}^{0*}(x)\psi_k^0(x)dx=\delta_{kk'} \tag{3.2.17}$$

式中，L 为一维晶格的长度，$L=Na$，N 是原胞数。按量子力学微扰理论，电子能量可写成

$$E(k)=E^{0}(k)+E^{(1)}(k)+E^{(2)}(k)+\cdots \tag{3.2.18}$$

其中，一级微扰能量为

$$\begin{aligned}E^{(1)}(k)&=H'_{kk}\\&=\int_0^L \psi_k^{0*}(x)\Delta V\psi_k^0(x)\mathrm{d}x\\&=\int_0^L \psi_k^{0*}(x)(V-\bar{V})\psi_k^0(x)\mathrm{d}x\\&=\int_0^L \psi_k^{0*}(x)V\psi_k^0(x)\mathrm{d}x-\int_0^L \psi_k^{0*}(x)\bar{V}\psi_k^0(x)\mathrm{d}x\\&=\bar{V}-\bar{V}=0\end{aligned} \tag{3.2.19}$$

上式第一项按定义等于平均势场，故 $E^{(1)}(k)=0$，所以

$$\psi_k^{(1)}(x)=\sum_{k'}{}'\frac{\langle k'|\Delta V|k\rangle}{E_k^0-E_{k'}^0}\psi_{k'}^0(x)=\sum_{k'}{}'\frac{H_{kk'}}{E_k^0-E_{k'}^0}\psi_{k'}^0(x) \tag{3.2.20}$$

$$E_k^{(2)}(x)=\sum_{k'}{}'\frac{|\langle k'|\Delta V|k\rangle|^2}{E_k^0-E_{k'}^0} \tag{3.2.21}$$

需要计算矩阵元 $\langle k'|\Delta V|k\rangle$，由波函数正交关系知

$$\langle k'|\Delta V|k\rangle=\langle k'|V-\bar{V}|k\rangle=\langle k'|V|k\rangle-\langle k'|\bar{V}|k\rangle=\langle k'|V|k\rangle \tag{3.2.22}$$

上式不含 $k'=k$ 项。由于 $V(x)$ 的周期性，上述矩阵元服从严格的选择定则，即

$$\langle k'|V|k\rangle=\frac{1}{L}\int_0^L \mathrm{e}^{-\mathrm{i}(k'-k)x}\cdot V(x)\mathrm{d}x \tag{3.2.23}$$

将上式分解为单原胞积分再求和，可得

$$\langle k'|V|k\rangle=\frac{1}{Na}\sum_{n=0}^{N-1}\int_{na}^{(n+1)a}\mathrm{e}^{-\mathrm{i}(k'-k)x}\cdot V(x)\mathrm{d}x \tag{3.2.24}$$

令 $x=\xi+na$，则 $V(\xi+na)=V(\xi)$，因此可得

$$\begin{aligned}\langle k'|V|k\rangle&=\frac{1}{Na}\sum_{n=0}^{N-1}\mathrm{e}^{-\mathrm{i}(k'-k)na}\int_0^a \mathrm{e}^{-\mathrm{i}(k'-k)\xi}\cdot V(\xi)\mathrm{d}\xi\\&=\left(\frac{1}{a}\int_0^a \mathrm{e}^{-\mathrm{i}(k'-k)\xi}\cdot V(\xi)\mathrm{d}\xi\right)\cdot\frac{1}{N}\sum_{n=0}^{N-1}(\mathrm{e}^{-\mathrm{i}(k'-k)a})^n\end{aligned} \tag{3.2.25}$$

当 $k-k'=\frac{2\pi}{a}m$ 时，

$$(\mathrm{e}^{-\mathrm{i}(k'-k)a})^n=1 \tag{3.2.26}$$

当 $k-k'\neq\frac{2\pi}{a}m$ 时，

$$\frac{1}{N}\sum_{n=0}^{N-1}(\mathrm{e}^{-\mathrm{i}(k'-k)a})^n=\frac{1}{N}\cdot\frac{1-\mathrm{e}^{-\mathrm{i}(k'-k)Na}}{1-\mathrm{e}^{-\mathrm{i}(k'-k)a}} \tag{3.2.27}$$

因为

$$k'=\frac{2\pi l'}{Na},\quad k=\frac{2\pi l}{Na} \tag{3.2.28}$$

所以

$$1-\mathrm{e}^{-\mathrm{i}(k'-k)Na}=1-\mathrm{e}^{-\mathrm{i}2\pi(l'-l)}=1-1=0 \tag{3.2.29}$$

因为分母不为零，则矩阵恒为零。

综上，若

$$k'=k-\frac{2\pi}{a}n \tag{3.2.30}$$

则

$$H_{kk'}=\langle k'|V|k\rangle=\frac{1}{a}\int_0^a \mathrm{e}^{-\mathrm{i}(k'-k)\xi}\cdot V(\xi)\mathrm{d}x=V_n^* \tag{3.2.31}$$

V_n 即 $V(x)$第 n 个傅立叶系数。

波函数一级修正后可得

$$\begin{aligned}\psi_k&=\psi_k^0+\psi_k^{(1)}\\&=\frac{1}{\sqrt{L}}\mathrm{e}^{\mathrm{i}kx}+\sum_n{}'\frac{V_n^*}{\frac{\hbar^2}{2m}\left[k^2-\left(k-\frac{2\pi}{a}n\right)^2\right]}\cdot\frac{1}{\sqrt{L}}\mathrm{e}^{\mathrm{i}\left(k-\frac{2\pi}{a}n\right)x}\\&=\frac{1}{\sqrt{L}}\mathrm{e}^{\mathrm{i}kx}\left\{1+\sum_n{}'\frac{2mV_n^*\mathrm{e}^{-\mathrm{i}\frac{2\pi}{a}nx}}{\hbar^2k^2-\hbar^2\left(k-\frac{2\pi}{a}n\right)^2}\right\}=\mathrm{e}^{\mathrm{i}kx}u_k(x)\end{aligned} \tag{3.2.32}$$

可见，调幅因子是晶格的周期函数。式(3.2.32)右边第一项代表波矢为 k 的前进平面波，第二项是电子在行进过程中遭受到起伏的势场的散射作用所产生的散射波。

二级微扰能量为

$$E_k^{(2)}=\sum_n{}'\frac{|V_n|^2}{\frac{\hbar^2}{2m}\left[k^2-\left(k-\frac{2\pi}{a}n\right)^2\right]} \tag{3.2.33}$$

当下列等式成立，即

$$k^2-\left(k-\frac{2\pi}{a}n\right)^2=0 \tag{3.2.34}$$

可得

$$\begin{aligned} \pm k &= k-\frac{2\pi}{a}n \\ k &= \frac{n\pi}{a} \end{aligned} \tag{3.2.35}$$

此时 $E_k^{(2)}=\infty$，即在 $k=\dfrac{\pi}{a}$ 的周期边界处发散，能量断开，形成禁带。当 k 远离$\dfrac{n\pi}{a}$时，V_n 是很小的量，贡献很小，电子能量与自由电子相近。能量一级修正后可得

$$E(k)=\frac{\hbar^2k^2}{2m}+\sum_n{}'\frac{2m\,|V_n|^2}{\hbar^2k^2-\hbar^2\left(k-\dfrac{2\pi}{a}n\right)^2} \tag{3.2.36}$$

3.2.2 能带的性质

在单电子近似下，波动方程为

$$\left(-\frac{\hbar^2}{2m}\nabla^2+V(\boldsymbol{r})\right)\psi_n=E\psi_n \tag{3.2.37}$$

当 n 取不同的值时，得到的能量本征值 $E_n(k)$ 是对每一个 k 都准连续的、可区分(非简并)的函数，称为能带。在绝对零度时，被价电子填满的能带称为价带，未被填满或全空的能带称为导带。导带底与价带顶之间的能量区间称为禁带，其能量差称为禁带宽度。

$E_n(\boldsymbol{k})$函数具有如下对称性：

(1)$E_n(\boldsymbol{k})$是 $\boldsymbol{k}$ 的偶函数，即

$$E_n(-\boldsymbol{k})=E_n(\boldsymbol{k}) \tag{3.2.38}$$

(2)$E_n(\boldsymbol{k})$具有晶格的点群对称性，即

$$E_n(\hat{s}\boldsymbol{k})=E_n(\boldsymbol{k}) \tag{3.2.39}$$

式中，$\hat{s}$ 是晶格的点群对称操作。

(3)$E_n(\boldsymbol{k})$对 $\boldsymbol{k}$ 具有周期平移不变性，对于同一能带有

$$E_n(\boldsymbol{k}+\boldsymbol{G}_m)=E_n(\boldsymbol{k}) \tag{3.2.40}$$

$$\boldsymbol{G}_m=m_1\boldsymbol{b}_1+m_2\boldsymbol{b}_2+m_3\boldsymbol{b}_3 \tag{3.2.41}$$

可见，只须求出第一布里渊区部分区域内的 $\boldsymbol{k}$ 所对应的 $E_n(\boldsymbol{k})$，即可得到整个倒格空间的 $E_n(\boldsymbol{k})$函数。

如图 3.2.1 所示，能带有三种图像表示方式：

(1)周期布里渊区图，在每一个布里渊区画出所有能带；

(2)第一布里渊区图，将所有能带都画在第一布里渊区；

(3)扩展布里渊区图,将不同能带画在不同布里渊区。

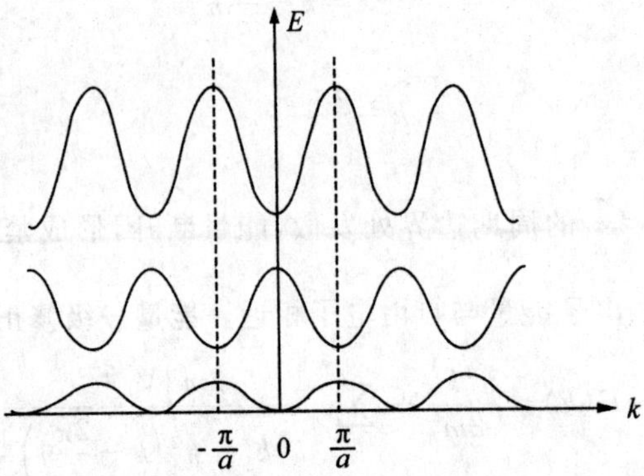

图 3.2.1　能带的画法

由于三维晶体的 $\boldsymbol{k}$ 也是三维的,其与 $E_n(\boldsymbol{k})$的关系图需要四维空间,因此一般给出 $\boldsymbol{k}$ 沿某直线方向的二维关系图。所选方向一般是布里渊区的高对称方向,如立方晶体倒格空间的〈100〉方向、〈110〉方向和〈111〉方向。

练习题 3-2:试说明一维简单晶格中一个能级最多有几个电子?

3.3　等能面与能态密度

3.3.1　等能面

在 κ 空间,电子的能量等于定值的曲面称为等能面,单位能量区间的量子态数称为能态密度。在近自由电子近似下,远离布里渊区边界的能量与波矢的关系近似抛物线,各向同性材料的等能面为同心球面。能带在接近布里渊区边界时,即抛物线接近断开时弯曲,变得十分平坦。此时,单位间隔等能面间的波矢数增多,能态密度比自由电子的大。如图 3.3.1 所示,在 A 点达到最大值。波矢大于 A 点后,等能面不再连续,单位间隔等能面间的体积迅速缩小,能态密度也迅速减小到 C 点的零值。

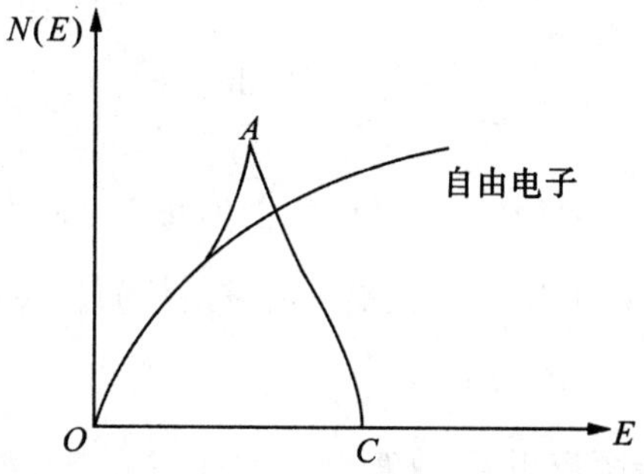

图 3.3.1　近自由电子和自由电子的能态密度

现在讨论布里渊区边界与等能面相交时的特点。对于波矢为 $\pm\boldsymbol{k}$ 的波函数，相当于正向运动和反向运动的电子，满足如下薛定谔方程：

$$
\begin{aligned}
\hat{H}\psi_k(\boldsymbol{r}) &= E(\boldsymbol{k})\psi_k(\boldsymbol{r}) \\
\hat{H}\psi_k^*(\boldsymbol{r}) &= E(\boldsymbol{k})\psi_k^*(\boldsymbol{r}) \\
\hat{H}\psi_{-k}(\boldsymbol{r}) &= E(-\boldsymbol{k})\psi_{-k}(\boldsymbol{r})
\end{aligned}
\tag{3.3.1}
$$

将 $\hat{H}\psi_{-k}(\boldsymbol{r})$左乘 $\psi_k(\boldsymbol{r})$并积分得

$$
\int_0^{N\Omega}\psi_k(\boldsymbol{r})\hat{H}\psi_{-k}(\boldsymbol{r})\mathrm{d}\boldsymbol{r} = E(-\boldsymbol{k})\int_0^{N\Omega}\psi_k(\boldsymbol{r})\psi_{-k}(\boldsymbol{r})\mathrm{d}\boldsymbol{r} \tag{3.3.2}
$$

利用厄密算符的性质，上式左边的积分可变为

$$
\begin{aligned}
\int_0^{N\Omega}\psi_k(\boldsymbol{r})\hat{H}\psi_{-k}(\boldsymbol{r})\mathrm{d}\boldsymbol{r} &= \int_0^{N\Omega}(\hat{H}\psi_k(\boldsymbol{r})^*)^*\psi_{-k}(\boldsymbol{r})\mathrm{d}\boldsymbol{r} \\
&= E(\boldsymbol{k})\int_0^{N\Omega}\psi_k(\boldsymbol{r})\psi_{-k}(\boldsymbol{r})\mathrm{d}\boldsymbol{r}
\end{aligned}
\tag{3.3.3}
$$

由式(3.3.2)和式(3.3.3)得

$$
(E(\boldsymbol{k}) - E(-\boldsymbol{k}))\int_0^{N\Omega}\psi_k(\boldsymbol{r})\psi_{-k}(\boldsymbol{r})\mathrm{d}\boldsymbol{r} = 0 \tag{3.3.4}
$$

将布洛赫波函数展开得

$$
\psi_k(\boldsymbol{r}) = \sum_l a_{\boldsymbol{k}+\boldsymbol{K}_l}\mathrm{e}^{\mathrm{i}(\boldsymbol{k}+\boldsymbol{K}_l)\cdot\boldsymbol{r}} \tag{3.3.5}
$$

$$
\psi_{-k}(\boldsymbol{r}) = \sum_l a_{-\boldsymbol{k}+\boldsymbol{K}_l}\mathrm{e}^{\mathrm{i}(-\boldsymbol{k}+\boldsymbol{K}_l)\cdot\boldsymbol{r}} \tag{3.3.6}
$$

对应展开系数为

$$
a_{\pm\boldsymbol{k}+\boldsymbol{K}_l} = \frac{1}{\sqrt{N\Omega}}\int_0^{N\Omega}\mathrm{e}^{-\mathrm{i}(\pm\boldsymbol{k}+\boldsymbol{K}_l)\cdot\boldsymbol{r}}\psi_{\pm k}(\boldsymbol{r})\mathrm{d}\boldsymbol{r} \tag{3.3.7}
$$

将式(3.3.7)代入积分中得

$$
\int_0^{N\Omega}\psi_k(\boldsymbol{r})\psi_{-k}(\boldsymbol{r})\mathrm{d}\boldsymbol{r} = \sum_{ll'} a_{\boldsymbol{k}+\boldsymbol{K}_l}a_{-\boldsymbol{k}+\boldsymbol{K}_{l'}}\int_0^{N\Omega}\mathrm{e}^{\mathrm{i}(\boldsymbol{K}_l+\boldsymbol{K}_{l'})\cdot\boldsymbol{r}}\mathrm{d}\boldsymbol{r} \tag{3.3.8}
$$

依据正交关系可得

$$\frac{1}{N\Omega}\int_0^{N\Omega} e^{i(\boldsymbol{K}_n-\boldsymbol{K}_m)\cdot\boldsymbol{r}}\,d\boldsymbol{r}=\delta_{n,m} \tag{3.3.9}$$

$$\int_0^{N\Omega}\psi_k(\boldsymbol{r})\psi_{-k}(\boldsymbol{r})\,d\boldsymbol{r}=\sum_l a_{\boldsymbol{k}+\boldsymbol{K}_l}a_{-\boldsymbol{k}-\boldsymbol{K}_l}N\Omega \tag{3.3.10}$$

$a_{-\boldsymbol{k}-\boldsymbol{K}_l}$是对应平面波分量 $e^{-i(\boldsymbol{k}+\boldsymbol{K}_l)\cdot\boldsymbol{r}}$ 的振幅。由波函数的复共轭得

$$\psi_k(\boldsymbol{r})^*=\sum_l a^*_{\boldsymbol{k}+\boldsymbol{K}_l}e^{-i(\boldsymbol{k}+\boldsymbol{K}_l)\cdot\boldsymbol{r}} \tag{3.3.11}$$

波矢一定,对应平面波的振幅应相等,故有

$$a_{-\boldsymbol{k}-\boldsymbol{K}_l}=a^*_{\boldsymbol{k}+\boldsymbol{K}_l} \tag{3.3.12}$$

$$\int_0^{N\Omega}\psi_k(\boldsymbol{r})\psi_{-k}(\boldsymbol{r})\,d\boldsymbol{r}=N\Omega\sum_l|a_{\boldsymbol{k}+\boldsymbol{K}_l}|^2\neq 0 \tag{3.3.13}$$

由此得能量在波矢空间的反演对称性为

$$E(\boldsymbol{k})=E(-\boldsymbol{k}) \tag{3.3.14}$$

同时,电子能量还是倒格矢的周期函数,即

$$E(\boldsymbol{k})=E(\boldsymbol{k}+\boldsymbol{K}_n) \tag{3.3.15}$$

如图 3.3.2 所示,四个波矢落在布里渊区边界上的点分别为 A,B,C,D,其中

$$\begin{aligned}\boldsymbol{k}_A&=-\boldsymbol{k}_C\\ \boldsymbol{k}_B&=\boldsymbol{k}_A-\boldsymbol{K}_n\\ \boldsymbol{k}_B&=-\boldsymbol{k}_D\end{aligned} \tag{3.3.16}$$

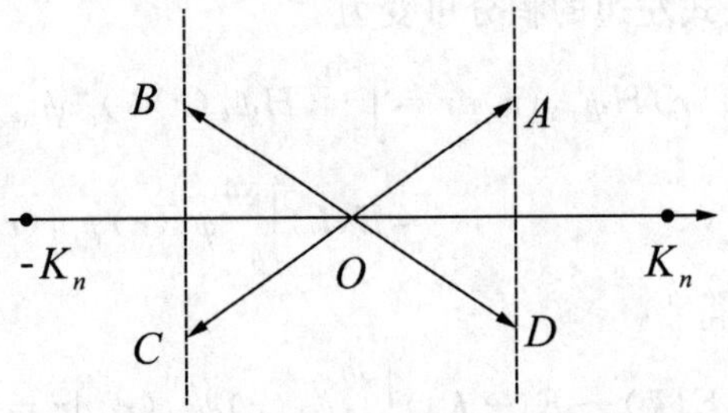

图 3.3.2　落在布里渊区边界上的波矢

由能带的周期性和反演对称性可知,四个点处于同一个等能面上,即

$$E(\boldsymbol{k}_A)=E(\boldsymbol{k}_B)=E(\boldsymbol{k}_C)=E(\boldsymbol{k}_D) \tag{3.3.17}$$

设 $\boldsymbol{m},\boldsymbol{n}$ 分别为平行和垂直于布里渊区边界的单位矢量,则波矢可分解为

$$\boldsymbol{k}=k_{\parallel}\boldsymbol{m}+k_{\perp}\boldsymbol{n} \tag{3.3.18}$$

A 点左侧的能带梯度为

$$\nabla_k E(\boldsymbol{k})|_{\boldsymbol{k}_A-0}=\lim_{k\to\boldsymbol{k}_A-0}(k_{\parallel}\boldsymbol{m}+k_{\perp}\boldsymbol{n})=\frac{\partial E}{\partial k_{\parallel}}|_{\boldsymbol{k}_A-0}\boldsymbol{m}+\frac{\partial E}{\partial k_{\perp}}|_{\boldsymbol{k}_A-0}\boldsymbol{n} \tag{3.3.19}$$

B 点右侧的能带梯度为

$$\nabla_k E(\boldsymbol{k})|_{k_B+0}=\frac{\partial E}{\partial k_{\parallel}}|_{k_B+0}\boldsymbol{m}+\frac{\partial E}{\partial k_{\perp}}|_{k_B+0}\boldsymbol{n} \tag{3.3.20}$$

由于能带是波矢的周期函数,B 点右侧的能带梯度可表示为

$$\nabla_k E(\boldsymbol{k}-\boldsymbol{K}_n)|_{k_A+0}=\frac{\partial E}{\partial k'_{\parallel}}|_{k_A-K_n+0}\boldsymbol{m}+\frac{\partial E}{\partial k'_{\perp}}|_{k_A-K_n+0}\boldsymbol{n} \tag{3.3.21}$$

因为周期函数的导函数也是周期函数,所以有

$$\frac{\partial E}{\partial k_{\perp}}|_{k_A-0}=\frac{\partial E}{\partial k'_{\perp}}|_{k_A-K_n+0} \tag{3.3.22}$$

晶体中电子能带是波矢的偶函数,等能面在波矢空间是对称的,波矢与倒格矢所在二维平面截出的等能线也具有偶函数的对称性。在 $\boldsymbol{k}_A$ 和 $\boldsymbol{k}_B=\boldsymbol{k}_A-\boldsymbol{K}_n$ 两点存在如下关系:

$$\frac{\partial E}{\partial k_{\perp}}|_{k_A-0}=-\frac{\partial E}{\partial k'_{\perp}}|_{k_A-K_n+0} \tag{3.3.23}$$

综上可得

$$\frac{\partial E}{\partial k_{\perp}}|_{k_A-0}=\frac{\partial E}{\partial k_{\perp}}|_{k_B+0}=0 \tag{3.3.24}$$

从布里渊区边界的外侧趋于 A 点和 B 点,结果是一致的。因此有

$$\frac{\partial E}{\partial k_{\perp}}|_{k_A}=\frac{\partial E}{\partial k_{\perp}}|_{k_B}=0 \tag{3.3.25}$$

根据能带的反演对称性可得

$$\nabla_k E(\boldsymbol{k})|_{k_A}=\nabla_k E(-\boldsymbol{k})|_{k_A}=-\nabla_k E(\boldsymbol{k})|_{-k_A}=-\nabla_k E(\boldsymbol{k})|_{k_C} \tag{3.3.26}$$

$$\nabla_k E(\boldsymbol{k})|_{k_B}=\nabla_k E(-\boldsymbol{k})|_{k_B}=-\nabla_k E(\boldsymbol{k})|_{-k_B}=-\nabla_k E(\boldsymbol{k})|_{k_D} \tag{3.3.27}$$

可知

$$\frac{\partial E}{\partial k_{\perp}}|_{k_C}=\frac{\partial E}{\partial k_{\perp}}|_{k_D}=0 \tag{3.3.28}$$

由于波矢 $\boldsymbol{k}$ 和 $\boldsymbol{K}_n$ 的任意性,可见等能面在垂直于布里渊区边界的方向上的梯度为零,即等能面与布里渊区边界垂直截交。图 3.3.3 给出近自由电子简立方结构晶体中电子的二维等能线结构图,其中 A、C 两点对应图 3.3.1 中相应的点。

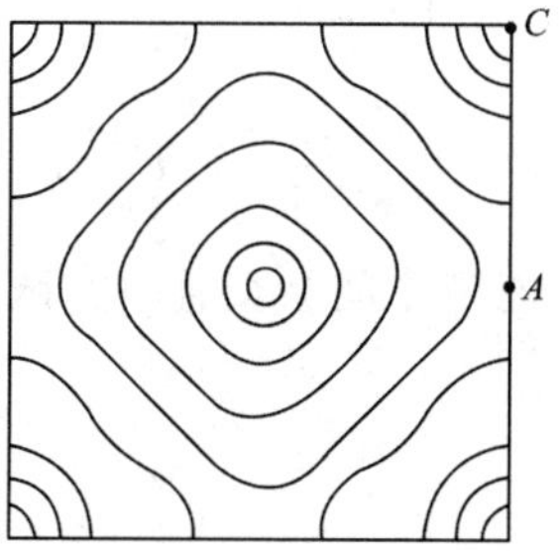

图 3.3.3 近自由电子近似下的二维等能线

3.3.2 能态密度

κ 空间电子的波矢密度为$\frac{V_c}{(2\pi)^3}$,考虑自旋,则对应的量子态数为$\frac{V_c}{4\pi^3}$,在 κ 空间取两个相近的等能面,能量由 E 到 $E+\mathrm{d}E$,面间距为 $\mathrm{d}k_\perp$,在等能面间取一体积元为 $\mathrm{d}\tau=\mathrm{d}s\mathrm{d}k_\perp$,$\mathrm{d}s$ 是体积元在等能面上的截面积(见图 3.3.4)。由梯度定义可知:

$$\mathrm{d}E=|\nabla_k E|\mathrm{d}k_\perp \tag{3.3.29}$$

$$\mathrm{d}\tau=\mathrm{d}s\,\mathrm{d}k_\perp=\frac{\mathrm{d}s\,\mathrm{d}E}{|\nabla_k E|} \tag{3.3.30}$$

两等能面间的量子态数为

$$\mathrm{d}N=\frac{V_c}{4\pi^3}\int\mathrm{d}\tau=\frac{V_c}{4\pi^3}\int\frac{\mathrm{d}s\,\mathrm{d}E}{|\nabla_k E|} \tag{3.3.31}$$

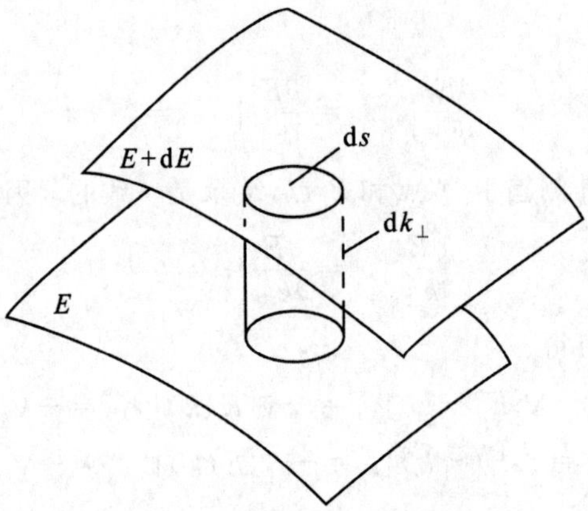

图 3.3.4 波矢空间的等能面间体积元

可得能态密度的一般表达式为

$$N(E)=\frac{\mathrm{d}Z}{\mathrm{d}E}=\frac{V_c}{4\pi^3}\int\frac{\mathrm{d}s}{|\nabla_k E|} \tag{3.3.32}$$

对于自由电子,等能面是球面,为

$$|\nabla_k E|=\frac{\hbar^2 k}{m} \tag{3.3.33}$$

$$\mathrm{d}N=\frac{V_c}{2\pi^2}\left(\frac{2m}{\hbar^2}\right)^{\frac{3}{2}}E^{\frac{1}{2}}\mathrm{d}E \tag{3.3.34}$$

练习题 3-3:三维材料的不同能带之间会交叠吗?试用下图中的 B 点和 C 点的关系来说明。

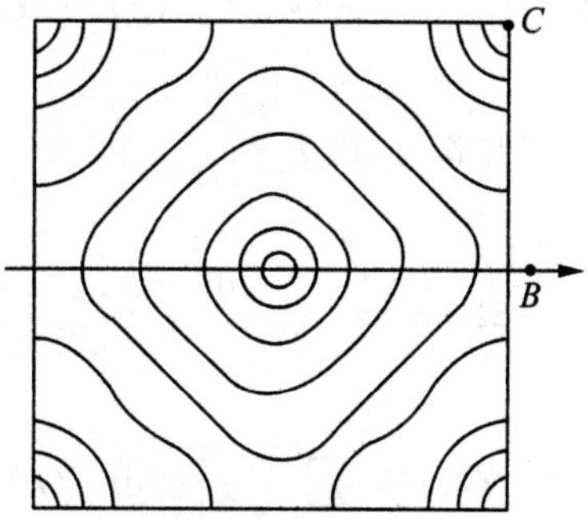

练习题3-4：利用自由电子模型，求一维晶格的能态密度。

3.4 平面波方法

平面波方法(PW)是在周期性势场近似下，用波矢相差一个倒格矢的一系列平面波的线性组合作为基组，将固体能带计算转化为晶体能带计算。

为方便求解，首先将三维周期势展成傅立叶级数，即

$$V(\boldsymbol{r})=\sum_{l}V(\boldsymbol{G}_l)\mathrm{e}^{\mathrm{i}\boldsymbol{G}_l\cdot\boldsymbol{r}} \tag{3.4.1}$$

$$\begin{aligned}V(\boldsymbol{r})=V(\boldsymbol{r}+\boldsymbol{R}_n)&=\sum_{l}V(\boldsymbol{G}_l)\mathrm{e}^{\mathrm{i}\boldsymbol{G}_l\cdot(\boldsymbol{r}+\boldsymbol{R}_n)}\\&=\sum_{l}V(\boldsymbol{G}_l)\mathrm{e}^{\mathrm{i}\boldsymbol{G}_l\cdot\boldsymbol{r}}\cdot\mathrm{e}^{\mathrm{i}\boldsymbol{G}_l\cdot\boldsymbol{R}_n}=\sum_{l}V(\boldsymbol{G}_l)\mathrm{e}^{\mathrm{i}\boldsymbol{G}_l\cdot\boldsymbol{r}}\end{aligned} \tag{3.4.2}$$

故要求：$\mathrm{e}^{\mathrm{i}\boldsymbol{G}_l\cdot\boldsymbol{R}_n}=1$，即 $\boldsymbol{G}_l\cdot\boldsymbol{R}_n$ 是 2π 的整数倍，因此，$\boldsymbol{G}_l$ 必为倒格矢。

傅立叶展开系数为

$$V(\boldsymbol{G}_l)=\frac{1}{\Omega}\int_{\Omega}\mathrm{d}\boldsymbol{r}V(\boldsymbol{r})\mathrm{e}^{-\mathrm{i}\boldsymbol{G}_l\cdot\boldsymbol{r}}=\frac{1}{N\Omega}\int_{N\Omega}\mathrm{d}\boldsymbol{r}V(\boldsymbol{r})\mathrm{e}^{-\mathrm{i}\boldsymbol{G}_l\cdot\boldsymbol{r}} \tag{3.4.3}$$

电子为布洛赫波函数，即

$$\begin{aligned}\psi(\boldsymbol{k},\boldsymbol{r})=\mathrm{e}^{\mathrm{i}\boldsymbol{k}\cdot\boldsymbol{r}}u(\boldsymbol{k},\boldsymbol{r})&=\frac{1}{\sqrt{N\Omega}}\mathrm{e}^{\mathrm{i}\boldsymbol{k}\cdot\boldsymbol{r}}\sum_{m}a(\boldsymbol{G}_m)\mathrm{e}^{\mathrm{i}\boldsymbol{G}_m\cdot\boldsymbol{r}}\\&=\frac{1}{\sqrt{N\Omega}}\sum_{m}a(\boldsymbol{G}_m)\mathrm{e}^{\mathrm{i}(\boldsymbol{k}+\boldsymbol{G}_m)\cdot\boldsymbol{r}}\end{aligned} \tag{3.4.4}$$

代入薛定谔方程可得

$$\left(-\frac{\hbar^2}{2m}\nabla^2+V(\boldsymbol{r})-E(\boldsymbol{k})\right)\psi(\boldsymbol{k},\boldsymbol{r})=0 \tag{3.4.5}$$

$$\frac{1}{\sqrt{N\Omega}}\sum_{m}\left(\frac{\hbar^2}{2m}|\boldsymbol{k}+\boldsymbol{G}_m|^2-E(\boldsymbol{k})+V(\boldsymbol{r})\right)a(\boldsymbol{G}_m)\mathrm{e}^{\mathrm{i}(\boldsymbol{k}+\boldsymbol{G}_m)\cdot\boldsymbol{r}}=0 \tag{3.4.6}$$

将式(3.4.6)乘以$\frac{1}{\sqrt{N\Omega}}\mathrm{e}^{-\mathrm{i}(\boldsymbol{k}+\boldsymbol{G}_n)\cdot\boldsymbol{r}}$并积分，因为

$$\frac{1}{N\Omega}\int_{N\Omega}\mathrm{e}^{\mathrm{i}(\boldsymbol{G}_m-\boldsymbol{G}_n)\cdot\boldsymbol{r}}\,\mathrm{d}\boldsymbol{r}=\delta_{n,m} \tag{3.4.7}$$

所以

$$\left(\frac{\hbar^2}{2m}|\boldsymbol{k}+\boldsymbol{G}_n|^2-E(\boldsymbol{k})\right)a(\boldsymbol{G}_n)+\sum_{m}\frac{1}{N\Omega}\int_{N\Omega}\mathrm{d}\boldsymbol{r}V(\boldsymbol{r})\mathrm{e}^{\mathrm{i}(\boldsymbol{G}_m-\boldsymbol{G}_n)\cdot\boldsymbol{r}}\cdot a(\boldsymbol{G}_m)=0 \tag{3.4.8}$$

又因为

$$V(\boldsymbol{r})=\sum_{l}V(\boldsymbol{G}_l)\mathrm{e}^{\mathrm{i}\boldsymbol{G}_l\cdot\boldsymbol{r}} \tag{3.4.9}$$

$$V(\boldsymbol{G}_l)=\frac{1}{N\Omega}\int_{N\Omega}\mathrm{d}\boldsymbol{r}V(\boldsymbol{r})\mathrm{e}^{-\mathrm{i}\boldsymbol{G}_l\cdot\boldsymbol{r}} \tag{3.4.10}$$

所以

$$V(\boldsymbol{G}_n-\boldsymbol{G}_m)=\frac{1}{N\Omega}\int_{N\Omega}\mathrm{d}\boldsymbol{r}V(\boldsymbol{r})\mathrm{e}^{-\mathrm{i}(\boldsymbol{G}_n-\boldsymbol{G}_m)\cdot\boldsymbol{r}} \tag{3.4.11}$$

薛定谔方程可整理为

$$\left(\frac{\hbar^2}{2m}|\boldsymbol{k}+\boldsymbol{G}_n|^2-E(\boldsymbol{k})\right)a(\boldsymbol{G}_n)+\sum_{m}V(\boldsymbol{G}_n-\boldsymbol{G}_m)a(\boldsymbol{G}_m)=0 \tag{3.4.12}$$

$$V(\boldsymbol{r})=\sum_{l}V(\boldsymbol{G}_l)\mathrm{e}^{\mathrm{i}\boldsymbol{G}_l\cdot\boldsymbol{r}}=V_0+V(\boldsymbol{G}_1)\mathrm{e}^{\mathrm{i}\boldsymbol{G}_1\cdot\boldsymbol{r}}+V(\boldsymbol{G}_2)\mathrm{e}^{\mathrm{i}\boldsymbol{G}_2\cdot\boldsymbol{r}}+\cdots \tag{3.4.13}$$

可见，当$m=n$时，即为平均势V_0，令$V_0=0$，上式不含$m=n$项，则有

$$\left(\frac{\hbar^2}{2m}|\boldsymbol{k}+\boldsymbol{G}_n|^2-E(\boldsymbol{k})\right)a(\boldsymbol{G}_n)+\sum_{m\neq n}V(\boldsymbol{G}_n-\boldsymbol{G}_m)a(\boldsymbol{G}_m)=0 \tag{3.4.14}$$

上式称为中心方程。这就是平面波基组下，波矢为$\boldsymbol{k}$时的单电子方程。因$\boldsymbol{G}_n$，$\boldsymbol{G}_m$的无穷性，上式包含无数项。对于波函数展开系数的方程组，有非零解的条件是系数行列式等于零。比如m取1，2，3时，可列出三个方程：

$$\begin{cases}\left(\frac{\hbar^2}{2m}|\boldsymbol{k}+\boldsymbol{G}_1|^2-E(\boldsymbol{k})\right)a(\boldsymbol{G}_1)+V(\boldsymbol{G}_1-\boldsymbol{G}_2)a(\boldsymbol{G}_2)+V(\boldsymbol{G}_1-\boldsymbol{G}_3)a(\boldsymbol{G}_3)=0\\ \left(\frac{\hbar^2}{2m}|\boldsymbol{k}+\boldsymbol{G}_2|^2-E(\boldsymbol{k})\right)a(\boldsymbol{G}_2)+V(\boldsymbol{G}_2-\boldsymbol{G}_1)a(\boldsymbol{G}_1)+V(\boldsymbol{G}_2-\boldsymbol{G}_3)a(\boldsymbol{G}_3)=0\\ \left(\frac{\hbar^2}{2m}|\boldsymbol{k}+\boldsymbol{G}_3|^2-E(\boldsymbol{k})\right)a(\boldsymbol{G}_3)+V(\boldsymbol{G}_3-\boldsymbol{G}_1)a(\boldsymbol{G}_1)+V(\boldsymbol{G}_3-\boldsymbol{G}_2)a(\boldsymbol{G}_2)=0\end{cases} \tag{3.4.15}$$

对符号进行简化，即

$$\frac{\hbar^2}{2m}|\boldsymbol{k}+\boldsymbol{G}_i|^2-E(\boldsymbol{k})=A(i) \tag{3.4.16}$$

$$a(\boldsymbol{G}_i)=a(i) \tag{3.4.17}$$

$$V(\boldsymbol{G}_i-\boldsymbol{G}_j)=V(i-j) \tag{3.4.18}$$

方程组可简写为

$$\begin{cases}A(1)a(1)+V(1-2)a(2)+V(1-3)a(3)=0\\A(2)a(2)+V(2-1)a(1)+V(2-3)a(3)=0\\A(3)a(3)+V(3-1)a(1)+V(3-2)a(2)=0\end{cases} \tag{3.4.19}$$

调整次序，可得

$$\begin{cases}A(1)a(1)+V(1-2)a(2)+V(1-3)a(3)=0\\V(2-1)a(1)+A(2)a(2)+V(2-3)a(3)=0\\V(3-1)a(1)+V(3-2)a(2)+A(3)a(3)=0\end{cases} \tag{3.4.20}$$

列出系数行列式，且有

$$V_l^*=\frac{1}{a}\int_0^a V(x)^*(\mathrm{e}^{-\mathrm{i}\boldsymbol{G}_l\cdot\boldsymbol{r}})^*\,\mathrm{d}x=\frac{1}{a}\int_0^a V(x)\mathrm{e}^{-\mathrm{i}(-\boldsymbol{G}_l)\cdot\boldsymbol{r}}\,\mathrm{d}x=V_{-l} \tag{3.4.21}$$

$$\begin{vmatrix}A(1) & V(1-2) & V(1-3)\\V^*(1-2) & A(2) & V(2-3)\\V^*(1-3) & V^*(2-3) & A(3)\end{vmatrix}=0 \tag{3.4.22}$$

根据初值势函数，可得系列 $E_n(\boldsymbol{k})$ 值，n 为能带序号。让 $\boldsymbol{k}$ 沿布里渊区的某个对称轴取值，重复计算，可得沿此轴的能量曲线。其中，$\boldsymbol{k}$ 的取值按一定间隔均匀取值，此即计算参数设置中 k-point 的选取方式。由于级数的收敛性，项数越多，其后的贡献越小。因此，在计算精度范围内，可以取有限项作为近似结果。这个取值上限称为截断能，即参数设置的电子面板内的 Energy cutoff 选项，其含义为

$$\frac{\hbar^2}{2m}|\boldsymbol{k}+\boldsymbol{G}_n|^2\leqslant E_{\mathrm{cutoff}} \tag{3.4.23}$$

近自由电子近似是平面波方法的一个特殊情况，认为电子在晶体中的共有化运动接近于势函数平均值势场中的自由电子运动，把势函数与平均势之差看成微扰，以一个平面波作为零级近似波函数，即取

$$\psi^0(\boldsymbol{k},\boldsymbol{r})=\frac{1}{\sqrt{N\Omega}}\mathrm{e}^{\mathrm{i}\boldsymbol{k}\cdot\boldsymbol{r}} \tag{3.4.24}$$

零级能量为

$$E^0(\boldsymbol{k},\boldsymbol{r})=\frac{\hbar^2k^2}{2m}+V_0 \tag{3.4.25}$$

将 $\psi(\boldsymbol{k},\boldsymbol{r})=\frac{1}{\sqrt{N\Omega}}\sum_m a(\boldsymbol{G}_m)\mathrm{e}^{\mathrm{i}(\boldsymbol{k}+\boldsymbol{G}_m)\cdot\boldsymbol{r}}$ 在近自由电子近似下展开，系数 $a(0)\sim1$，其他项很小。但在布里渊区边界处，系数变得很大，不能忽略，即

$$\left(\frac{\hbar^2}{2m}|\boldsymbol{k}+\boldsymbol{G}_n|^2-E(\boldsymbol{k})\right)a(\boldsymbol{G}_n)+\sum_{m\neq n}V(\boldsymbol{G}_n-\boldsymbol{G}_m)a(\boldsymbol{G}_m)=0 \tag{3.4.26}$$

取 $a(0)=1$，其余为小量，$V(\boldsymbol{G}_n)$也是小量，因此忽略二级小量，即

$$\left(\frac{\hbar^2}{2m}|\boldsymbol{k}+\boldsymbol{G}_n|^2-\frac{\hbar^2k^2}{2m}\right)a(\boldsymbol{G}_n)+V(\boldsymbol{G}_n)a(\boldsymbol{G}_0)=0 \tag{3.4.27}$$

由此可得

$$a(\boldsymbol{G}_n)=\frac{-V(\boldsymbol{G}_n)}{\frac{\hbar^2}{2m}[|\boldsymbol{k}+\boldsymbol{G}_n|^2-k^2]} \tag{3.4.28}$$

因 $V(\boldsymbol{G}_n)$是小量，$a(\boldsymbol{G}_n)$也是小量，当$|\boldsymbol{k}+\boldsymbol{G}_n|^2\to k^2$ 时，$a(\boldsymbol{G}_n)$变得很大，于是中心方程化为只有两个，即

$$\left(\frac{\hbar^2}{2m}k^2-E(\boldsymbol{k})\right)a(0)+V(-\boldsymbol{G}_n)a(n)=0 \tag{3.4.29}$$

$$\left(\frac{\hbar^2}{2m}k^2-E(\boldsymbol{k})\right)a(n)+V(\boldsymbol{G}_n)a(0)=0 \tag{3.4.30}$$

系数行列式为

$$\begin{vmatrix} \frac{\hbar^2}{2m}k^2-E & V(-\boldsymbol{G}_n) \\ V(\boldsymbol{G}_n) & \frac{\hbar^2}{2m}k^2-E \end{vmatrix}=0 \tag{3.4.31}$$

可得

$$\left(\frac{\hbar^2}{2m}k^2-E\right)^2-|V(\boldsymbol{G}_n)|^2=0 \tag{3.4.32}$$

$$\frac{\hbar^2}{2m}k^2-E=\pm|V(\boldsymbol{G}_n)| \tag{3.4.33}$$

$$E=\frac{\hbar^2}{2m}k^2\pm|V(\boldsymbol{G}_n)| \tag{3.4.34}$$

可见，当波矢$|\boldsymbol{k}+\boldsymbol{G}_n|^2=k^2$ 时，对应两个能量分别为

$$E_+=\frac{\hbar^2}{2m}k^2+|V(\boldsymbol{G}_n)| \tag{3.4.35}$$

$$E_-=\frac{\hbar^2}{2m}k^2-|V(\boldsymbol{G}_n)| \tag{3.4.36}$$

两个能级之间不存在允许的量子态，称该区间为禁带，则有

$$E_g=2|V(\boldsymbol{G}_n)| \tag{3.4.37}$$

禁带宽度由势场的傅立叶级数的系数确定，一维时为

$$k^2=(\boldsymbol{k}+\boldsymbol{G}_n)^2 \tag{3.4.38}$$

$$k=\pm(\boldsymbol{k}+\boldsymbol{G}_n) \tag{3.4.39}$$

$$k=-\frac{1}{2}\boldsymbol{G}_n=-\frac{\pi}{a}n \tag{3.4.40}$$

即 k 在$\frac{\pi}{a}$的整数倍时出现禁带。三维时有

$$\boldsymbol{k}\cdot\boldsymbol{k}=(\boldsymbol{k}+\boldsymbol{G}_n)\cdot(\boldsymbol{k}+\boldsymbol{G}_n)=\boldsymbol{k}\cdot\boldsymbol{k}+\boldsymbol{k}\cdot\boldsymbol{G}_n+\boldsymbol{G}_n\cdot\boldsymbol{k}+\boldsymbol{G}_n\cdot\boldsymbol{G}_n \tag{3.4.41}$$

所以

$$2\boldsymbol{G}_n\cdot\boldsymbol{k}+\boldsymbol{G}_n\cdot\boldsymbol{G}_n=0 \tag{3.4.42}$$

$$\boldsymbol{G}_n\cdot(\boldsymbol{k}+\frac{1}{2}\boldsymbol{G}_n)=0 \tag{3.4.43}$$

即当 k 落在倒格矢的中垂面时，$\boldsymbol{G}_n$ 与 $\boldsymbol{k}+\frac{1}{2}\boldsymbol{G}_n$ 垂直，令 $\boldsymbol{k}'=\boldsymbol{k}+\boldsymbol{G}_n$，可见 $|\boldsymbol{k}'|=|\boldsymbol{k}|$，若 $\boldsymbol{k}$ 看作入射波矢，则 $\boldsymbol{k}'$ 为反射波矢（见图 3.4.1）。

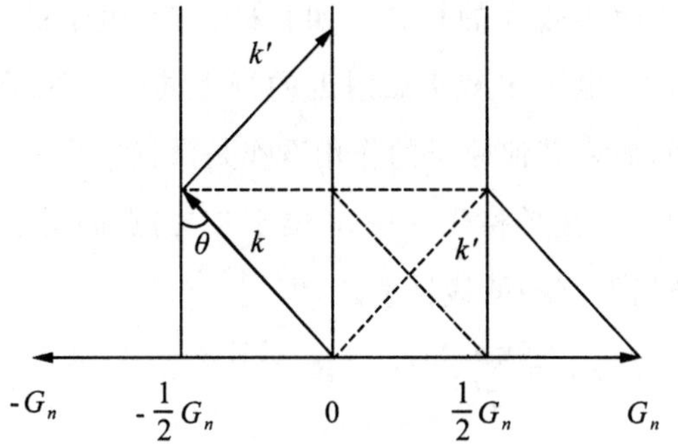

图 3.4.1　电子的布拉格反射

电子散射由晶格引起，$\boldsymbol{k}'$ 的态即为与 $\boldsymbol{G}_n$ 垂直的晶面族引起的反射波。其面间距为

$$d=\frac{2\pi}{|\boldsymbol{G}_h|} \tag{3.4.44}$$

$$\boldsymbol{G}_n=n\boldsymbol{G}_h=n\,\frac{2\pi}{d} \tag{3.4.45}$$

$$\left|\frac{1}{2}\boldsymbol{G}_n\right|=n\,\frac{\pi}{d}=k\sin\theta=\frac{2\pi}{\lambda}\sin\theta \tag{3.4.46}$$

可得 $2d\sin\theta=n\lambda$，即布拉格反射定律。这说明，当波矢落在布里渊区边界时，电子遭受与边界平行的晶面族的强烈散射，在反射方向上，各格点反射波位相相同，迭加形成很强的反射波。界面处 $E(\boldsymbol{k})$ 函数断开，形成不同的能带。平面波方法的缺点是需要用大量平面波的组合来表示布洛赫函数，计算量大，收敛慢。

练习题 3-5：请给出平面波近似下，利用中心方程计算一维材料单电子波函数，k 取 Gamma 点，$\boldsymbol{G}_n$ 分别取 0、b 和 $2b$ 时的系数行列式。

3.5 紧束缚近似

紧束缚近似方法是用原子轨道的线性组合(LCAO)作为基函数来求解固体的单电子薛定谔方程,适用于原子间距较大的材料。如有机材料,电子被束缚在原子附近的概率比远离原子的概率大得多,电子在某格点附近的行为同孤立原子中电子的行为近似,主要受该原子势场的作用,而将其他原子的作用看作是微扰。

如图 3.5.1 所示,以二维简单格子为例,$\boldsymbol{r}$ 位于 $\boldsymbol{R}_n$ 格点的附近,$\boldsymbol{R}_m$ 为任意格点。将 $\boldsymbol{r}$ 处的势场表达成原子势场 $V^{\mathrm{at}}(\boldsymbol{r})$的线性叠加,即

$$\begin{aligned} V(\boldsymbol{r}) &= \sum_m V^{\mathrm{at}}(\boldsymbol{r}-\boldsymbol{R}_m) \\ &= V^{\mathrm{at}}(\boldsymbol{r}-\boldsymbol{R}_n) + \sum_m{}' V^{\mathrm{at}}(\boldsymbol{r}-\boldsymbol{R}_m) \end{aligned} \tag{3.5.1}$$

式中,$V^{\mathrm{at}}(\boldsymbol{r}-\boldsymbol{R}_n)$是位于 $\boldsymbol{R}_n$ 点的孤立原子在 $\boldsymbol{r}$ 处的势场,其后的求和项中则不含 $\boldsymbol{R}_n$ 格点。势场具有晶格周期性,在讨论平面波方法时,曾将势函数在实空间展成傅立叶级数。

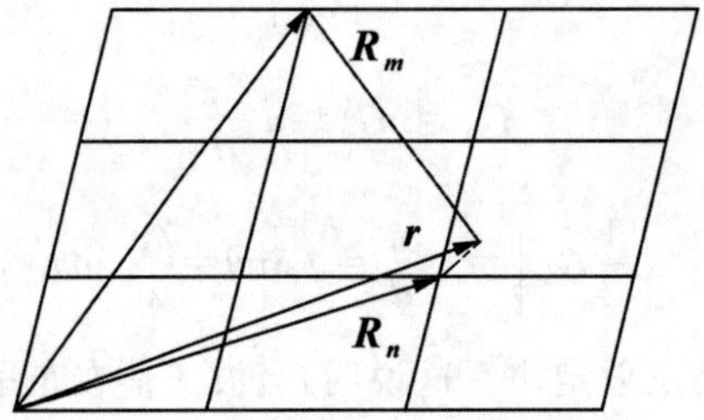

图 3.5.1　二维紧束缚近似模型

与之相类比,在波矢空间,将布洛赫波函数展为傅立叶级数,即

$$\psi_\alpha(\boldsymbol{k},\boldsymbol{r}) = \frac{1}{\sqrt{N}}\sum_n w_\alpha(\boldsymbol{r},\boldsymbol{R}_n)\mathrm{e}^{-\mathrm{i}\boldsymbol{R}_n\cdot\boldsymbol{k}} \tag{3.5.2}$$

式中,$w_\alpha(\boldsymbol{r},\boldsymbol{R}_n)$称为万尼尔函数,$\alpha$ 是能带序号。式(3.5.2)乘以$\frac{1}{\sqrt{N}}\mathrm{e}^{-\mathrm{i}\boldsymbol{R}_m\cdot\boldsymbol{k}}$,对第一布里渊区所有波矢求和。以一维为例,当 $\boldsymbol{R}_n=\boldsymbol{R}_m$ 时,有

$$\frac{1}{N}\sum_k \mathrm{e}^{\mathrm{i}k\cdot(\boldsymbol{R}_n-\boldsymbol{R}_m)} = \frac{1}{N}\sum_k \mathrm{e}^0 = 1 \tag{3.5.3}$$

否则，设 $\boldsymbol{R}_n-\boldsymbol{R}_m=(n-m)a$，$k=\dfrac{2\pi l}{Na}$，则有

$$\begin{aligned}\frac{1}{N}\sum_{k}\mathrm{e}^{\mathrm{i}\boldsymbol{k}\cdot(\boldsymbol{R}_n-\boldsymbol{R}_m)}&=\frac{1}{N}\sum_{l=0}^{N-1}\mathrm{e}^{\mathrm{i}\frac{2\pi l}{Na}(n-m)a}=\frac{1}{N}\sum_{l=0}^{N-1}\mathrm{e}^{[\mathrm{i}\frac{2\pi}{N}(n-m)]l}\\&=\frac{1}{N}\cdot\frac{1-\mathrm{e}^{[\mathrm{i}\frac{2\pi}{N}(n-m)]N}}{1-\mathrm{e}^{\mathrm{i}\frac{2\pi}{N}(n-m)}}=0\end{aligned}\tag{3.5.4}$$

故

$$\frac{1}{N}\sum_{k}\mathrm{e}^{\mathrm{i}\boldsymbol{k}\cdot(\boldsymbol{R}_n-\boldsymbol{R}_m)}=\delta_{m,n}\tag{3.5.5}$$

所以

$$w_\alpha(\boldsymbol{r},\boldsymbol{R}_n)=\frac{1}{\sqrt{N}}\sum_{k}\mathrm{e}^{-\mathrm{i}\boldsymbol{R}_n\cdot\boldsymbol{k}}\psi_\alpha(\boldsymbol{k},\boldsymbol{r})\tag{3.5.6}$$

利用不同能带或同能带不同波矢非简并的波函数正交性，可得

$$\int_{N\Omega}\psi_\alpha^*(\boldsymbol{k},\boldsymbol{r})\psi_{\alpha'}(\boldsymbol{k}',\boldsymbol{r})\mathrm{d}\boldsymbol{r}=\delta_{\alpha,\alpha'}\delta_{k,k'}\tag{3.5.7}$$

由此可得

$$\begin{aligned}&\int_{N\Omega}w_\alpha^*(\boldsymbol{r},\boldsymbol{R}_n)w_{\alpha'}(\boldsymbol{r},\boldsymbol{R}_{n'})\mathrm{d}\boldsymbol{r}\\&=\frac{1}{N}\sum_{kk'}\mathrm{e}^{-\mathrm{i}(\boldsymbol{R}_{n'}\cdot\boldsymbol{k}'-\boldsymbol{R}_n\cdot\boldsymbol{k})}\int_{N\Omega}\psi_\alpha^*(\boldsymbol{k},\boldsymbol{r})\psi_{\alpha'}(\boldsymbol{k}',\boldsymbol{r})\mathrm{d}\boldsymbol{r}\\&=\frac{1}{N}\sum_{kk'}\mathrm{e}^{-\mathrm{i}(\boldsymbol{R}_{n'}\cdot\boldsymbol{k}'-\boldsymbol{R}_n\cdot\boldsymbol{k})}\delta_{\alpha,\alpha'}\delta_{k,k'}\\&=\frac{1}{N}\sum_{k}e^{\mathrm{i}(\boldsymbol{R}_n-\boldsymbol{R}_{n'})\boldsymbol{k}}\delta_{\alpha,\alpha'}\\&=\delta_{\alpha,\alpha'}\delta_{n,n'}\end{aligned}\tag{3.5.8}$$

即不同能带不同格点的万尼尔函数是正交的。

根据布洛赫波函数的可平移性可知

$$\psi_\alpha(\boldsymbol{k},\boldsymbol{r}+\boldsymbol{R}_n)=\mathrm{e}^{\mathrm{i}\boldsymbol{R}_n\cdot\boldsymbol{k}}\psi_\alpha(\boldsymbol{k},\boldsymbol{r})\tag{3.5.9}$$

因为

$$\hat{T}(-\boldsymbol{R}_n)\psi_\alpha(\boldsymbol{k},\boldsymbol{r})=\psi_\alpha(\boldsymbol{k},\boldsymbol{r}-\boldsymbol{R}_n)=\mathrm{e}^{-\mathrm{i}\boldsymbol{R}_n\cdot\boldsymbol{k}}\psi_\alpha(\boldsymbol{k},\boldsymbol{r})\tag{3.5.10}$$

所以

$$w_\alpha(\boldsymbol{r},\boldsymbol{R}_n)=\frac{1}{\sqrt{N}}\sum_{k}\mathrm{e}^{-\mathrm{i}\boldsymbol{R}_n\cdot\boldsymbol{k}}\psi_\alpha(\boldsymbol{k},\boldsymbol{r})\tag{3.5.11}$$

$$w_\alpha(\boldsymbol{R}_n,\boldsymbol{r})=\frac{1}{\sqrt{N}}\sum_{k}\psi_\alpha(\boldsymbol{k},\boldsymbol{r}-\boldsymbol{R}_n)\tag{3.5.12}$$

当晶体中的原子间距较大时，电子被束缚在原子附近的概率比远离原子的概率大得多。对于简单晶格，电子在偏离格点较远时，波函数 $\psi_\alpha(\boldsymbol{k},\boldsymbol{r}-\boldsymbol{R}_n)$是一个小量，此时，$\boldsymbol{R}_n$ 处孤立原子中电子波函数 $\varphi_\alpha^{\text{at}}(\boldsymbol{r}-\boldsymbol{R}_n)$也是小量；当 $\boldsymbol{r}\to\boldsymbol{R}_n$ 时，$\psi_\alpha(\boldsymbol{k},\boldsymbol{r}-\boldsymbol{R}_n)$与 $\varphi_\alpha^{\text{at}}(\boldsymbol{r}-\boldsymbol{R}_n)$相近，因此，用 $\varphi_\alpha^{\text{at}}(\boldsymbol{r}-\boldsymbol{R}_n)$来描述 $\psi_\alpha(\boldsymbol{k},\boldsymbol{r}-\boldsymbol{R}_n)$能概括紧束缚条件下波函数的特性，为此，我们设

$$\psi_\alpha(\boldsymbol{k},\boldsymbol{r}-\boldsymbol{R}_n)=u(\boldsymbol{k})\varphi_\alpha^{\text{at}}(\boldsymbol{r}-\boldsymbol{R}_n) \tag{3.5.13}$$

万尼尔函数变为

$$w_\alpha(\boldsymbol{r},\boldsymbol{R}_n)=\frac{1}{\sqrt{N}}\sum_k\psi_\alpha(\boldsymbol{k},\boldsymbol{r}-\boldsymbol{R}_n)=\varphi_\alpha^{at}(\boldsymbol{r}-\boldsymbol{R}_n)\frac{1}{\sqrt{N}}\sum_k u(\boldsymbol{k}) \tag{3.5.14}$$

利用万尼尔函数的正交性，得

$$\begin{aligned}&\int_{N\Omega}\mathrm{d}\boldsymbol{r}w_\alpha^*(\boldsymbol{r},\boldsymbol{R}_n)w_\alpha(\boldsymbol{r},\boldsymbol{R}_n)\\&=\left|\frac{1}{\sqrt{N}}\sum_k u(\boldsymbol{k})\right|^2\int_{N\Omega}\mathrm{d}\boldsymbol{r}\varphi_\alpha^{\text{at}*}(\boldsymbol{r}-\boldsymbol{R}_n)\varphi_\alpha^{\text{at}}(\boldsymbol{r}-\boldsymbol{R}_n)\\&=\left|\frac{1}{\sqrt{N}}\sum^k u(\boldsymbol{k})\right|^2=1\end{aligned} \tag{3.5.15}$$

不妨令$\frac{1}{\sqrt{N}}\sum_k u(\boldsymbol{k})=1$，可得

$$w_\alpha(\boldsymbol{R}_n,\boldsymbol{r})=\varphi_\alpha^{\text{at}}(\boldsymbol{r}-\boldsymbol{R}_n) \tag{3.5.16}$$

得波函数为

$$\psi_\alpha(\boldsymbol{k},\boldsymbol{r})=\frac{1}{\sqrt{N}}\sum_n w_\alpha(\boldsymbol{R}_n,\boldsymbol{r})\mathrm{e}^{\mathrm{i}\boldsymbol{R}_n\cdot\boldsymbol{k}}=\frac{1}{\sqrt{N}}\sum_n\mathrm{e}^{\mathrm{i}\boldsymbol{R}_n\cdot\boldsymbol{k}}\varphi_\alpha^{\text{at}}(\boldsymbol{r}-\boldsymbol{R}_n) \tag{3.5.17}$$

上式称为布洛赫和，它是原子轨道波函数的线性组合，因此，称紧束缚近似为原子轨道线性组合法。这是 α 能带的波函数，代入薛定谔方程得

$$\hat{H}\psi_\alpha(\boldsymbol{k},\boldsymbol{r})=E_\alpha(\boldsymbol{k})\psi_\alpha(\boldsymbol{k},\boldsymbol{r}) \tag{3.5.18}$$

$$\frac{1}{\sqrt{N}}\sum_n\mathrm{e}^{\mathrm{i}\boldsymbol{R}_n\cdot\boldsymbol{k}}\left(-\frac{\hbar^2}{2m}\nabla^2+V^{\text{at}}(\boldsymbol{r}-\boldsymbol{R}_n)+\sum_m{}'V^{\text{at}}(\boldsymbol{r}-\boldsymbol{R}_m)-E_\alpha(\boldsymbol{k})\right)\varphi_\alpha^{\text{at}}(\boldsymbol{r}-\boldsymbol{R}_n)=0 \tag{3.5.19}$$

因为

$$\hat{H}_0\varphi_\alpha^{\text{at}}(\boldsymbol{r}-\boldsymbol{R}_n)=E_\alpha^{\text{at}}\varphi_\alpha^{\text{at}}(\boldsymbol{r}-\boldsymbol{R}_n) \tag{3.5.20}$$

$$\sum_n\mathrm{e}^{\mathrm{i}\boldsymbol{R}_n\cdot\boldsymbol{k}}\left(E_\alpha^{\text{at}}-E_\alpha(\boldsymbol{k})+\sum_m{}'V^{at}(\boldsymbol{r}-\boldsymbol{R}_m)\right)\varphi_\alpha^{at}(\boldsymbol{r}-\boldsymbol{R}_n)=0 \tag{3.5.21}$$

式(3.5.21)左乘 $\varphi_\alpha^{\text{at}*}(\boldsymbol{r}-\boldsymbol{R}_s)$并对整个体积积分得

$$\sum_n e^{i\boldsymbol{R}_n\cdot\boldsymbol{k}}(E_\alpha^{at}-E_\alpha(\boldsymbol{k}))\delta_{n,s}+\sum_n e^{i\boldsymbol{R}_n\cdot\boldsymbol{k}}\int_{N\Omega}d\boldsymbol{r}\varphi_\alpha^{at*}(\boldsymbol{r}-\boldsymbol{R}_s)\sum_m{}'V^{at}(\boldsymbol{r}-\boldsymbol{R}_m)\varphi_\alpha^{at}(\boldsymbol{r}-\boldsymbol{R}_n)=0 \tag{3.5.22}$$

即

$$e^{i\boldsymbol{R}_s\cdot\boldsymbol{k}}(E_\alpha^{at}-E_\alpha(\boldsymbol{k}))+\sum_n e^{i\boldsymbol{R}_n\cdot\boldsymbol{k}}\int_{N\Omega}d\boldsymbol{r}\varphi_\alpha^{at*}(\boldsymbol{r}-\boldsymbol{R}_s)\sum_m{}'V^{at}(\boldsymbol{r}-\boldsymbol{R}_m)\varphi_\alpha^{at}(\boldsymbol{r}-\boldsymbol{R}_n)=0 \tag{3.5.23}$$

令

$$\int_{N\Omega}d\boldsymbol{r}\varphi_\alpha^{at*}(\boldsymbol{r}-\boldsymbol{R}_s)\sum_m{}'V^{at}(\boldsymbol{r}-\boldsymbol{R}_m)\varphi_\alpha^{at}(\boldsymbol{r}-\boldsymbol{R}_n)=-J_{sn} \tag{3.5.24}$$

$$e^{i\boldsymbol{R}_s\cdot\boldsymbol{k}}(E_\alpha^{at}-E_\alpha(\boldsymbol{k}))-\sum_n e^{i\boldsymbol{R}_n\cdot\boldsymbol{k}}J_{sn}=0 \tag{3.5.25}$$

$$\begin{aligned}&(E_\alpha^{at}-E_\alpha(\boldsymbol{k}))-\sum_n e^{i(\boldsymbol{R}_n-\boldsymbol{R}_s)\cdot\boldsymbol{k}}J_{sn}\\&=(E_\alpha^{at}-E_\alpha(\boldsymbol{k}))-J_{ss}-\sum_{n\neq s}{}'e^{i(\boldsymbol{R}_n-\boldsymbol{R}_s)\cdot\boldsymbol{k}}J_{sn}=0\end{aligned} \tag{3.5.26}$$

所以

$$E_\alpha(\boldsymbol{k})=E_\alpha^{at}-J_{ss}-\sum_{n\neq s}{}'e^{i(\boldsymbol{R}_n-\boldsymbol{R}_s)\cdot\boldsymbol{k}}J_{sn} \tag{3.5.27}$$

波矢的取值数等于原胞数，对应 N 个能量本征值形成一个能带。J_{sn}表示微扰项对 $\boldsymbol{R}_n$ 和 $\boldsymbol{R}_s$ 的两个格点的波函数重叠部分的作用。显然 J_{ss}完全重叠，其次是最近邻格点的积分。在紧束缚条件下，计算到最近邻就已经足够精确。

对简立方结构，最近邻有 6 个原子，坐标分别为($\pm a$,0,0)，(0,$\pm a$,0)，(0,0,$\pm a$)。考虑 s 电子的能带，由于各向同性，积分相同，故

$$\begin{aligned}E_s(\boldsymbol{k})&=E_s^{at}-J_{ss}-\sum_n{}'e^{i(\boldsymbol{R}_n-\boldsymbol{R}_s)\cdot\boldsymbol{k}}J_{sn}\\&=E_s^{at}-J_{ss}-(e^{ik_xa}+e^{-ik_xa}+e^{ik_ya}+e^{-ik_ya}+e^{ik_za}+e^{-ik_za})J_{sn}\\&=E_s^{at}-J_{ss}-2J_{sn}(\cos k_xa+\cos k_ya+\cos k_za)\end{aligned} \tag{3.5.28}$$

简立方晶格的第一布里渊区也是简立方(见图 3.5.2)，其对称点为

$$\begin{aligned}&\Gamma:k=(0,0,0)\\&E_s(\boldsymbol{k})=E_s^{at}-J_{ss}-6J_{sn}\\&X:k=(\frac{\pi}{a},0,0)\\&E_s(\boldsymbol{k})=E_s^{at}-J_{ss}-2J_{sn}\\&R:k=\left(\frac{\pi}{a},\frac{\pi}{a},\frac{\pi}{a}\right)\\&E_s(\boldsymbol{k})=E_s^{at}-J_{ss}+6J_{sn}\end{aligned} \tag{3.5.29}$$

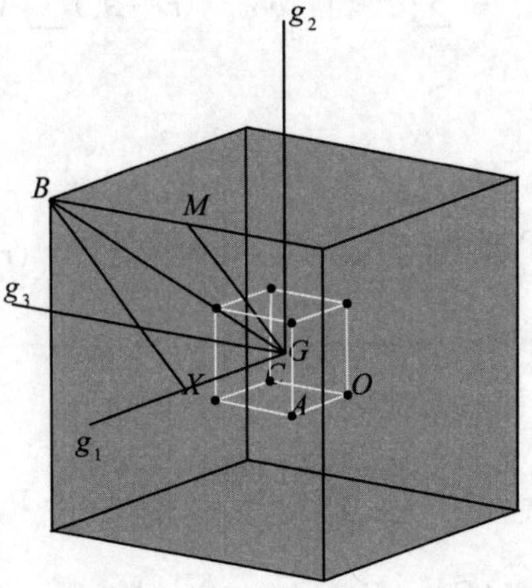

图 3.5.2　简立方结构下的布里渊区

可见，能量最小值在 Gamma 点，最大值在 R 点，对应第一布里渊区 8 个顶点为能带顶。该简立方结构第一布里渊区的 8 个顶点为 $\left(\pm\frac{\pi}{a},\pm\frac{\pi}{a},\pm\frac{\pi}{a}\right)$。带宽为 $\Delta E=12J_{sn}$，由 J_{sn} 的大小和系数决定。J_{sn} 的大小取决于交叠积分。波函数交叠越大，配位数越多，能带越宽，反之越窄。孤立原子中电子的一个能级在晶格中变成一个能带。

3.6　正交化平面波方法与赝势方法

3.6.1　正交化平面波方法

平面波方法收敛很慢，因为波函数占有很宽的动量范围。在原子核附近，核势能很强，电子具有很大的动量，K 值很大，波函数振荡很快；而在远离原子核的地方，核势为内层电子屏蔽，势能较浅且变化平坦，动量小。平面波展开既要有动量大的平面波，也需要动量小的平面波。为此，C.Hering 提出了正交化平面波方法：单电子波函数展开式中的基函数同时含有小动量的平面波成分，又含有核附近较大动量的孤立原子波函数成分，用紧束缚模型描述。价电子与内层电子属不同能带，对应不同的本征值，波函数是正交的，这种基函数称正交化平面波。

内层电子波函数为各个原子芯态波函数的布洛赫和，即

$$\varphi_j^c(\boldsymbol{k},\boldsymbol{r})=\frac{1}{\sqrt{N}}\sum_n \mathrm{e}^{\mathrm{i}\boldsymbol{k}\cdot\boldsymbol{R}_n}\varphi_j^{\mathrm{at}}(\boldsymbol{r}-\boldsymbol{R}_n) \tag{3.6.1}$$

$\varphi_j^{\mathrm{at}}(\boldsymbol{r}-\boldsymbol{R}_n)$为格点 $\boldsymbol{R}_n$ 处的原子的第 j 个电子态，定义

$$\chi_i(\boldsymbol{k},\boldsymbol{r})=\frac{1}{\sqrt{N\Omega}}\mathrm{e}^{\mathrm{i}(\boldsymbol{k}+\boldsymbol{G}_i)\cdot\boldsymbol{r}}-\sum_j u_{ij}\varphi_j^c(\boldsymbol{k},\boldsymbol{r}) \tag{3.6.2}$$

为正交化平面波，i 与倒格矢对应，对 j 求和包括了所有内层电子态。满足如下正交条件：

$$\int_{N\Omega}\varphi_j^{c*}\chi_i(\boldsymbol{k},\boldsymbol{r})\mathrm{d}\boldsymbol{r}=0 \tag{3.6.3}$$

所以

$$u_{ij}=\frac{1}{\sqrt{N\Omega}}\int_{N\Omega}\varphi_j^{c*}\,\mathrm{e}^{\mathrm{i}(\boldsymbol{k}+\boldsymbol{G}_i)\cdot\boldsymbol{r}}\mathrm{d}\boldsymbol{r} \tag{3.6.4}$$

这样定义的正交化平面波扣除了内层电子态的投影，与内层电子态波函数正交，在远离核处的行为像一个平面波，而在近核处振荡，可较好地描述价电子行为，如图 3.6.1 所示。

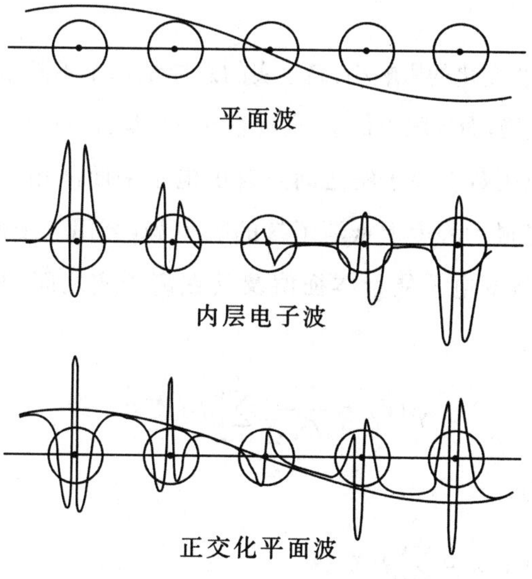

图 3.6.1　平面波和内层电子波函数构成正交化平面波

用$\chi_i(\boldsymbol{k},\boldsymbol{r})$线性组合成晶体的单电子波函数，即

$$\psi(\boldsymbol{k},\boldsymbol{r})=\sum_{i=1}^{p}\beta_i\chi_i(\boldsymbol{k},\boldsymbol{r}) \tag{3.6.5}$$

组合系数 β_i 是 $\boldsymbol{G}_i$ 的函数，上式代入薛定谔方程，并与$\chi_j^*(\boldsymbol{k},\boldsymbol{r})$作内积，得 β_i 的线性方程组，为

$$\sum_i (H_{ji} - ES_{ji})\beta_i = 0 \tag{3.6.6}$$

$$\det|H_{ji} - ES_{ji}| = 0 \tag{3.6.7}$$

其中

$$H_{ji} = \int d\boldsymbol{r}\, \chi_j^*(\boldsymbol{k},\boldsymbol{r}) \hat{H} \chi_i(\boldsymbol{k},\boldsymbol{r}) \tag{3.6.8}$$

$$S_{ji} = \int d\boldsymbol{r} \chi_j^*(\boldsymbol{k},\boldsymbol{r}) \chi_i(\boldsymbol{k},\boldsymbol{r}) \tag{3.6.9}$$

解式(3.6.7)可得能量本征值 $E(\boldsymbol{k})$ 函数，再把 $E(\boldsymbol{k})$ 代入式(3.6.6)求出 β_i，然后根据 $\psi(\boldsymbol{k},\boldsymbol{r})$ 最后求得 $\rho(\boldsymbol{r})$。

计算表明，价电子与芯电子正交可对价电子所受的核吸引作用起抵消作用。因此，只需要较少的正交化平面波就可以得到满意的结果。

在正交化平面波方法中，假设孤立原子芯波函数的布洛赫和 $\varphi_j^c(\boldsymbol{k},\boldsymbol{r})$ 是晶体单电子方程的解，即 $\varphi_j^c(\boldsymbol{k},\boldsymbol{r})$ 是哈密顿算符的本征函数，这个假设是不合理的。通过与不正确的本征函数正交化而得到的近似能量偏低，这使正交化平面波方法的应用受到了限制。

3.6.2 赝势方法

内层电子受化学环境变化的影响小，离子实的总能量基本不随结构而改变。因全电子态的计算量非常大，且收敛慢，而局限于价态、类价态的总能量计算精度高，收敛快，较实用。

固体中价电子的波函数在离子实之间与自由电子平面波相似，在离子实内部剧烈振荡。内层电子的排斥势很大程度上抵消了核的吸引势，可用一个假想的势能代替离子实内部的真实势能，且不改变电子能量本征值及其在离子实之间的波函数，这个假想的势能叫赝势。若令

$$\varphi(\boldsymbol{r}) = \frac{1}{\sqrt{N\Omega}} \sum_{i=1}^{p} \beta_i e^{i(\boldsymbol{k}+\boldsymbol{G}_i)\cdot\boldsymbol{r}} \tag{3.6.10}$$

则价电子波函数可化为

$$\begin{aligned}\psi(\boldsymbol{k},\boldsymbol{r}) &= \sum_{i=1}^{p} \beta_i \chi_i(\boldsymbol{k},\boldsymbol{r}) \\ &= \sum_{i=1}^{p} \beta_i \left(\frac{1}{\sqrt{N\Omega}} e^{i(\boldsymbol{k}+\boldsymbol{G}_i)\cdot\boldsymbol{r}} - \sum_j u_{ij} \varphi_j^c(\boldsymbol{k},\boldsymbol{r}) \right) \\ &= \varphi(\boldsymbol{r}) - \sum_{i=1}^{p} \sum_j \beta_i u_{ij} \varphi_j^c(\boldsymbol{k},\boldsymbol{r})\end{aligned} \tag{3.6.11}$$

代入薛定谔方程，得

$$\left(-\frac{\hbar^2}{2m}\nabla^2 + V(\boldsymbol{r}) - E\right)\psi(\boldsymbol{k},\boldsymbol{r}) = 0 \tag{3.6.12}$$

利用

$$\left(-\frac{\hbar^2}{2m}\nabla^2+V(\boldsymbol{r})\right)\varphi_j^c(\boldsymbol{k},\boldsymbol{r})=E_j\varphi_j^c(\boldsymbol{k},\boldsymbol{r}) \tag{3.6.13}$$

$$\begin{aligned}&\left(-\frac{\hbar^2}{2m}\nabla^2+V(\boldsymbol{r})-E\right)\left(\varphi(\boldsymbol{r})-\sum_{i=1}^{p}\sum_j\beta_i u_{ij}\varphi_j^c(\boldsymbol{k},\boldsymbol{r})\right)\\&=\left(-\frac{\hbar^2}{2m}\nabla^2+V(\boldsymbol{r})-E\right)\varphi(\boldsymbol{r})-\left(-\frac{\hbar^2}{2m}\nabla^2+V(\boldsymbol{r})-E\right)\sum_{i=1}^{p}\sum_j\beta_i u_{ij}\varphi_j^c(\boldsymbol{k},\boldsymbol{r})\end{aligned} \tag{3.6.14}$$

$$=\left(-\frac{\hbar^2}{2m}\nabla^2+V(\boldsymbol{r})-E\right)\varphi(\boldsymbol{r})-\sum_{i=1}^{p}\sum_j\beta_i u_{ij}(E_j-E)\varphi_j^c(\boldsymbol{k},\boldsymbol{r})=0$$

将上式变为

$$\left(-\frac{\hbar^2}{2m}\nabla^2+V^{\mathrm{ps}}\right)\varphi(\boldsymbol{r})=E\varphi(\boldsymbol{r}) \tag{3.6.15}$$

$$V^{\mathrm{ps}}=V(\boldsymbol{r})+\frac{\sum\limits_{i=1}^{p}\sum\limits_j\beta_i u_{ij}(E-E_j)\varphi_j^c(\boldsymbol{k},\boldsymbol{r})}{\frac{1}{\sqrt{N\Omega}}\sum\limits_{i=1}^{p}\beta_i\,\mathrm{e}^{\mathrm{i}(\boldsymbol{k}+\boldsymbol{G}_i)\cdot\boldsymbol{r}}} \tag{3.6.16}$$

式中，V^{ps}为赝势，$\varphi(\boldsymbol{r})$为赝势波函数。因为赝势波函数是由有限的平面波构成的，所以它必定是光滑的。光滑的波函数对应一个起伏很小的势场，因此，赝势是一个较小的量。这一结论可由以下分析来说明。因为价电子能量大于内层电子能量，式(3.6.16)右边第二项总是正值，相当于排斥势，而 $V(\boldsymbol{r})$是个负值，是吸引势，故式(3.6.16)右边第二项抵消部分吸引势，使得赝势成为一个较小的量。这就是为什么金属中的价电子可以看作近自由电子。图 3.6.2 给出赝势波函数与布洛赫波函数的比较。

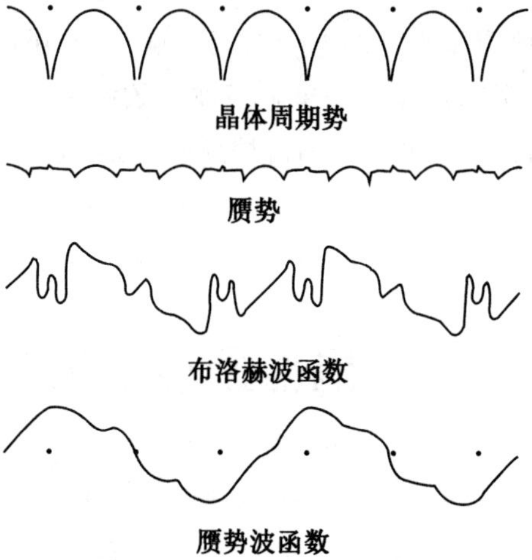

图 3.6.2　赝势波函数与布洛赫波函数的比较

常用离子赝势分三类：经验赝势、半经验赝势和第一性原理从头算赝势。

经验赝势：$V(\boldsymbol{r})$被表示为原子势叠加的形式，即

$$V(\boldsymbol{r})=\sum_{n,\alpha}V^{\mathrm{at}}(\boldsymbol{r}-\boldsymbol{R}_n-\boldsymbol{t}_\alpha) \tag{3.6.17}$$

式中，$\boldsymbol{R}_n$ 表示正格矢，$\boldsymbol{t}_\alpha$ 表示原胞内基矢。

经验赝势的拟合过程：选取初始 V^{at}，解单电子方程得到 $E_n(\boldsymbol{k})$和 $\psi_n(\boldsymbol{k},\boldsymbol{r})$，与实验数据（能带、态密度、响应函数等）作比较，修改 V^{at}，重复上述过程直至得到与实验数据相近的结果。目前，经验赝势主要用于从头算自洽迭代计算中的初始值。

在 DFT 计算中，能带 $E_n(\boldsymbol{k})$通过 K-S 方程自洽求解得到，单电子波动方程的周期势即 K-S 方程中的有效势。在赝势方法中 $V_{\mathrm{KS}}[\rho]=V_{\mathrm{KS}}[\rho^{\mathrm{ps}}]$，包括各原子的离子实对单个价电子的作用、价电子之间的库仑作用和交换关联作用，即

$$V_{\mathrm{KS}}[\rho^{\mathrm{ps}}]=\sum_{n,\alpha}V_{\mathrm{ion}}^{\mathrm{ps}}(\boldsymbol{r}-\boldsymbol{R}_n-\boldsymbol{t}_\alpha)+V_{\mathrm{coul}}[\rho^{\mathrm{ps}}]+V_{\mathrm{XC}}[\rho^{\mathrm{ps}}] \tag{3.6.18}$$

半经验赝势：表达式中含有一个或几个变参量，用与实验数据比较来确定这些参量取值。如空中心模型，设离子实是 Z_v 价的，且离子实的半径为 r，空中心模型给出的离子实赝势为

$$V_{\mathrm{ion}}^{\mathrm{ps}}(\boldsymbol{r})=\begin{cases}-\dfrac{Z_v}{\boldsymbol{r}}, & \boldsymbol{r}>\boldsymbol{r}_c\\ -\dfrac{Z_v}{\boldsymbol{r}_c}, & \boldsymbol{r}\leqslant\boldsymbol{r}_c\end{cases} \tag{3.6.19}$$

式中，$\boldsymbol{r}_c$ 作为一个可调参数来拟合原子数据。

第一性原理从头算赝势：没有任何附加经验参数的原子赝势。目前最常用的是 D.R.Hamann 提出的模守恒赝势（Norm-conserving）。该赝势不仅与真实势对应的波函数有相同的本征值，而且在 $\boldsymbol{r}_c$ 以外，与真实波函数的形状和振幅都相同，在 $\boldsymbol{r}_c$ 内部变化缓慢，没有大的动能。

此外，计算能带还有另一种方法。其主要特点是，先求一个原胞中电子的能量和波函数，晶体的单电子波函数用原胞中的电子波函数展开，再用晶体的电子波函数在原胞边界必须满足的边界条件来确定晶体的单电子波函数的展开式系数和能带。从这一思想出发，发展出原胞法、缀加平面波方法和格林函数方法等能带计算方法。

3.7 晶格振动理论

晶格中的格点是指原子的平衡位置。原子无时无刻不在其平衡位置做微小振动。由于原子间相互作用，它们的振动相互关联，在晶体中形成了格波。在简谐近似下，格波

由各自独立的简正振动模式构成。简正振动可以用谐振子来描述，谐振子的能量称为声子。格波可分为声学波和光学波。在长波近似下，声学支的振动可看作是原胞整体的振动，内部的原子振幅和位相相同；而光学支的振动是保持质心不变的一种振动模式，原胞内的原子或分子做相对运动。晶格振动决定了晶体的宏观热学性质，晶格振动理论也是研究晶体的电学性质、光学性质以及超导等的重要理论基础。晶格振动谱能用红外吸收谱、拉曼散射谱以及非弹性中子散射谱等实验手段进行直接测量，是理论和实验科学的伟大成就。计算机模拟结果与实验测量相结合，能对材料的振动谱给予科学的标定和解释。

3.7.1　一维简单格子

设一维单原子链，原子质量为 m，晶格常数为 a，u_n 表示序号为 n 的原子在 t 时刻偏离平衡位置的距离，只考虑最近邻原子的作用，简谐近似下看作弹簧振子，劲度系数为 β，受到相邻原子的作用力(以向右为正，见图 3.7.1)：

$$\begin{aligned} f_{n+1} &= \beta(u_{n+1} - u_n) \\ f_{n-1} &= \beta(u_{n-1} - u_n) \end{aligned} \tag{3.7.1}$$

则合力为

$$\begin{aligned} f &= f_{n+1} + f_{n-1} = \beta(u_{n+1} - u_n) + \beta(u_{n-1} - u_n) \\ &= \beta(u_{n+1} + u_{n-1} - 2u_n) \end{aligned} \tag{3.7.2}$$

牛顿运动方程为

$$m\frac{\mathrm{d}u_n^2}{\mathrm{d}t^2} = \beta(u_{n+1} + u_{n-1} - 2u_n) \tag{3.7.3}$$

$$f = -\beta\Delta u,\ \beta = \left(\frac{\mathrm{d}^2V}{\mathrm{d}u^2}\right)_a \tag{3.7.4}$$

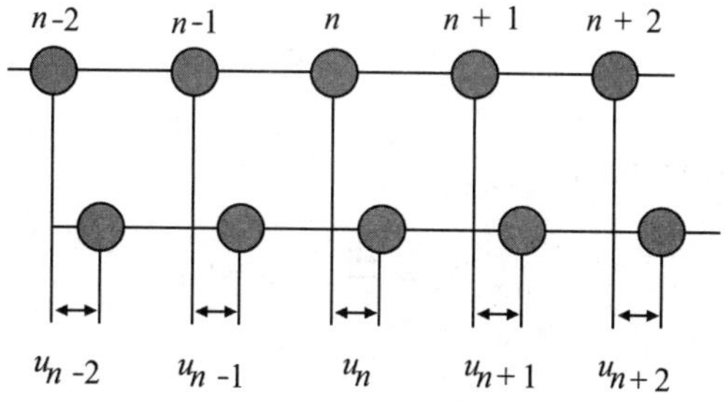

图 3.7.1　一维简单格子

一维原子链有 N 个原子，可得 N 个联立方程。但第 1 个和第 N 个原子的边界条件不同，无法联立求解，而假设 $u_1=0$，$u_n=0$ 是不合理的。波恩和卡门为此提出一个假想的边界条件，即周期性边界条件。将1与 N 首尾相连，形成闭环，或将无限个相同的晶体相连，各晶体中对应的原子运动情况相同。于是运动方程变成了通式，适合于 N 个原子中任一原子，设其通解是一简谐振动，即

$$u_n=Ae^{i(qna-\omega t)} \tag{3.7.5}$$

qna 是初始条件决定的相位，即 $t=0$ 时，n 号原子的振动相位。序号为 n' 的原子的位移为

$$\begin{aligned} u_{n'} &= Ae^{i(qn'a-\omega t)}=Ae^{i[q(n'-n)a+qna-\omega t)]} \\ &= Ae^{i(qna-\omega t)}\cdot e^{iq(n'-n)a}=u_n e^{iq(n'-n)a} \end{aligned} \tag{3.7.6}$$

当 $q(n'-n)a=2\pi l$ 时，$n'-n=\dfrac{2\pi l}{qa}$，其中 l 为整数，则 $u_n=u_{n'}$，即两个原子有相同的位移。

同理，当 $n'-n=\dfrac{(2l+1)\pi}{qa}$ 时，$u_n=-u_{n'}$，即两个原子有相反的位移。可见，原子位移有一定的周期分布，形成纵波，称为格波，q 是格波的波矢。

将通解代入原方程得

$$\begin{aligned} -m\omega^2 u_n &= \beta(u_n e^{iqa}+u_n e^{-iqa}-2u_n) \\ &= \beta u_n(e^{iqa}+e^{-iqa}-2) \\ &= 2\beta u_n(\cos(qa)-1) \end{aligned} \tag{3.7.7}$$

$$\omega^2=\frac{2\beta}{m}(1-\cos(qa))=\frac{4\beta}{m}\sin^2\left(\frac{qa}{2}\right) \tag{3.7.8}$$

$$\omega=2\left(\frac{\beta}{m}\right)^{\frac{1}{2}}\cdot\left|\sin\left(\frac{qa}{2}\right)\right| \tag{3.7.9}$$

qa 增加 2π 的整数倍，频率不变，即格波频率在波矢空间是以倒格矢为 $\dfrac{2\pi}{a}$ 的周期函数，且 q 换成 $-q$，频率不变，即在波矢空间具有空间反演对称性。因此，可以将波矢限制在一个周期内讨论 $\omega(q)$ 的关系，即

$$-\frac{\pi}{a}<q\leqslant\frac{\pi}{a} \tag{3.7.10}$$

设格波的传播速度为 V，则有

$$V=v\lambda,\quad q=\frac{2\pi}{\lambda},\quad \omega=2\pi v \tag{3.7.11}$$

可得

$$V=\frac{\omega}{q}=\frac{\lambda}{\pi}\left(\frac{\beta}{m}\right)^{\frac{1}{2}}\left|\sin\left(\frac{\pi a}{\lambda}\right)\right| \tag{3.7.12}$$

可见，格波的传播速度是波长的函数，波长不同速度不同，可类比三棱镜的色散现

象，故称 $\omega(q)$ 关系为色散关系，即计算声子性 PDOS 时的色散。图 3.7.2 展示了一个由两个水分子构成的冰晶体的声子及色散关系计算结果。图 3.7.2 左图给出了波矢从 Gamma 点沿不同方向计算的色散关系，右图可以理解为是由第一布里渊区全部色散关系得到的声子沿能量轴的量子态密度分布，即 PDOS。这个计算结果将色散关系与声子态密度并列，可以直观地看到对应关系。不过，更常见的方式是将图 3.7.2 的右图横放，以能量为横坐标。这样计算的声子谱(PDOS 谱)可直接与实验测量的红外吸收谱、拉曼散射谱或非弹中子散射谱相比对。

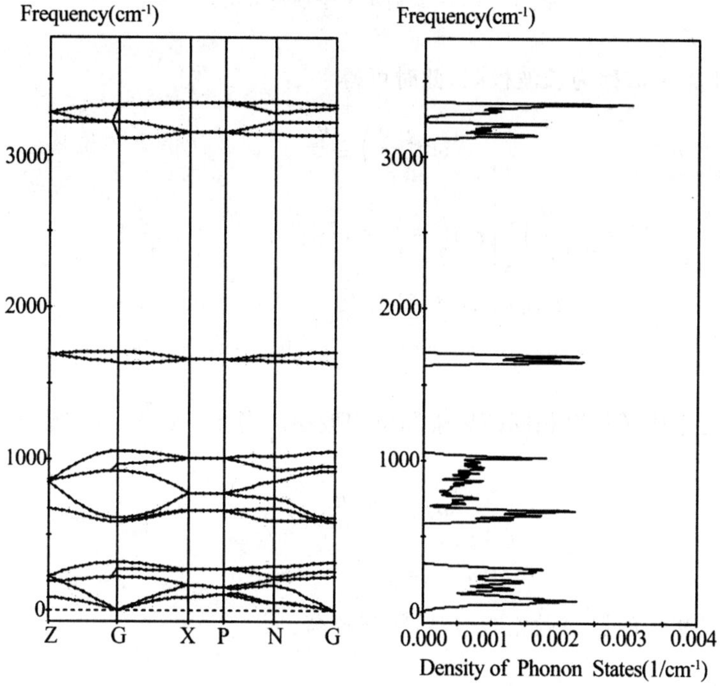

图 3.7.2 模拟得到的色散关系与声子态密度曲线

根据周期性边界条件，即

$$u_{n+N}=A\mathrm{e}^{\mathrm{i}[q(n+N)a-\omega t]}=A\mathrm{e}^{\mathrm{i}(qna-\omega t)}\mathrm{e}^{\mathrm{i}qNa}=1 \tag{3.7.13}$$

式中，$qNa=2\pi l$，l 为整数，则有

$$q=\frac{2\pi l}{Na} \tag{3.7.14}$$

$$-\frac{\pi}{a}<\frac{2\pi l}{Na}\leqslant\frac{\pi}{a} \tag{3.7.15}$$

$$-\frac{N}{2}<l\leqslant\frac{N}{2} \tag{3.7.16}$$

可知波矢的取值共有 N 个，也就是允许的波矢数为 N，则原胞数也是一维原子链的自由度数。由于 N 很大，可以看作准连续谱，其色散关系曲线如图 3.7.3 所示。

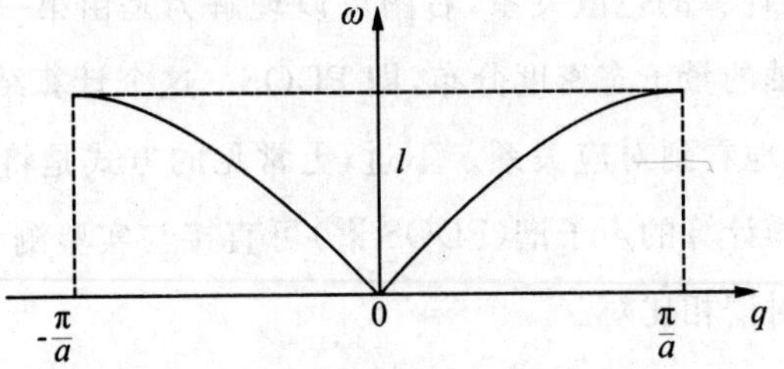

图 3.7.3　一维简单格子的色散关系

当 $q\to 0$ 时，$\lambda\to\infty$，称为长波极限，此时可得

$$\sin\left(\frac{qa}{2}\right)\cong\frac{qa}{2} \tag{3.7.17}$$

$$V=\frac{2}{q}\left(\frac{\beta}{m}\right)^{\frac{1}{2}}\left|\sin\left(\frac{\pi a}{\lambda}\right)\right|=\frac{2}{q}\left(\frac{\beta}{m}\right)^{\frac{1}{2}}\frac{qa}{2}=a\left(\frac{\beta}{m}\right)^{\frac{1}{2}} \tag{3.7.18}$$

$$u_{n-1}=A\mathrm{e}^{\mathrm{i}[q(n-1)a-\omega t]}=\mathrm{e}^{-\mathrm{i}qa}u_n=u_n \tag{3.7.19}$$

$$u_{n+1}=A\mathrm{e}^{\mathrm{i}[q(n+1)a-\omega t]}=\mathrm{e}^{\mathrm{i}qa}u_n=u_n \tag{3.7.20}$$

即某原子周围若干原子都以相同的振幅和位相振动。当 $q=\pm\frac{\pi}{a}$，对应截止频率为

$$\omega_{\max}=2\left(\frac{\beta}{m}\right)^{\frac{1}{2}} \tag{3.7.21}$$

$$u_{n-1}=u_{n+1}=-u_n \tag{3.7.22}$$

则相邻原子都以相同的振幅做相对运动，频率较高。

3.7.2　一维复式格子

设所讨论的晶格是由 M，m 两种不同的原子构成的一维分子链。分子内距离为 b，力常数为 β_1，分子间力常数为 β_2，距离为 $(a-b)$，即晶格常数为 a，原子编号为 m 和 M，m 取奇数，M 取偶数，n 为原胞数，如图 3.7.4 所示。

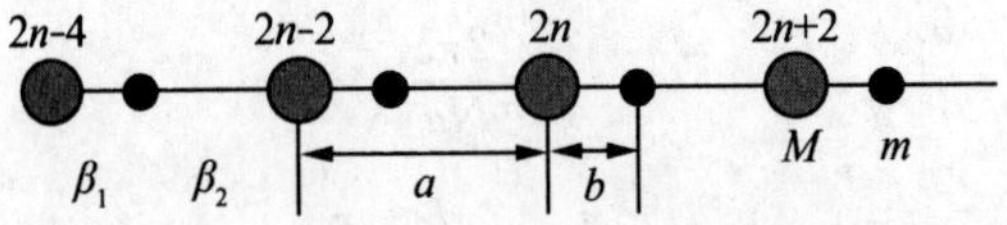

图 3.7.4　一维复式格子模型

在周期性边界条件下，其位移通解为

$$u_{2n}=A\mathrm{e}^{\mathrm{i}(q\frac{2n}{2}a-\omega t)}=A\mathrm{e}^{\mathrm{i}(qna-\omega t)} \tag{3.7.23}$$

$$u_{2n+1}=B'\mathrm{e}^{\mathrm{i}(qna+qb-\omega t)}=B\mathrm{e}^{\mathrm{i}(qna-\omega t)},\quad B=B'\mathrm{e}^{\mathrm{i}qb} \tag{3.7.24}$$

$$u_{2n-1}=B'\mathrm{e}^{\mathrm{i}[qna-q(a-b)-\omega t]}=B\mathrm{e}^{-\mathrm{i}qa}\mathrm{e}^{\mathrm{i}(qna-\omega t)} \tag{3.7.25}$$

可见，原则上：

(1)同种原子周围情况相同，振幅相同。原子不同，振幅不同。

(2)相隔一个晶格常数 a 的同种原子，相位差为 qa。

将通解代入原子 $2n$ 的受力方程，得

$$\begin{aligned}-M\omega^2 A&=\beta_1(B-A)+\beta_2(B\mathrm{e}^{-\mathrm{i}qa}-A)\\&=-(\beta_1+\beta_2)A+(\beta_1+\beta_2\mathrm{e}^{-\mathrm{i}qa})B\end{aligned} \tag{3.7.26}$$

即

$$(\beta_1+\beta_2-M\omega^2)A-(\beta_1+\beta_2\mathrm{e}^{-\mathrm{i}qa})B=0 \tag{3.7.27}$$

同理得

$$-(\beta_1+\beta_2\mathrm{e}^{\mathrm{i}qa})A+(\beta_1+\beta_2-m\omega^2)B=0 \tag{3.7.28}$$

A，B 是振幅，不会为零，故系数行列式为零，即

$$\begin{vmatrix}\beta_1+\beta_2-M\omega^2 & -(\beta_1+\beta_2\mathrm{e}^{-\mathrm{i}qa})\\ -(\beta_1+\beta_2\mathrm{e}^{\mathrm{i}qa}) & \beta_1+\beta_2-m\omega^2\end{vmatrix}=0 \tag{3.7.29}$$

$$(\beta_1+\beta_2-M\omega^2)(\beta_1+\beta_2-m\omega^2)-(\beta_1+\beta_2\mathrm{e}^{-\mathrm{i}qa})(\beta_1+\beta_2\mathrm{e}^{\mathrm{i}qa})=0 \tag{3.7.30}$$

解出频率值为

$$\omega^2=\frac{(\beta_1+\beta_2)}{2mM}\left\{(m+M)\pm\left[(m+M)^2-\frac{16mM\beta_1\beta_2}{(\beta_1+\beta_2)^2}\cdot\sin^2\left(\frac{qa}{2}\right)\right]^{\frac{1}{2}}\right\} \tag{3.7.31}$$

可见，一维复式格子存在两种格波，各自色散关系为

$$\omega_{\mathrm{A}}^2=\frac{(\beta_1+\beta_2)}{2mM}\left\{(m+M)-\left[(m+M)^2-\frac{16mM\beta_1\beta_2}{(\beta_1+\beta_2)^2}\cdot\sin^2\left(\frac{qa}{2}\right)\right]^{\frac{1}{2}}\right\} \tag{3.7.32}$$

$$\omega_{\mathrm{O}}^2=\frac{(\beta_1+\beta_2)}{2mM}\left\{(m+M)+\left[(m+M)^2-\frac{16mM\beta_1\beta_2}{(\beta_1+\beta_2)^2}\cdot\sin^2\left(\frac{qa}{2}\right)\right]^{\frac{1}{2}}\right\} \tag{3.7.33}$$

在波矢空间同样具备反演对称性和周期性，即

$$\omega(-q)=\omega(q) \tag{3.7.34}$$

$$\omega\left(q+\frac{2\pi}{a}\right)=\omega(q) \tag{3.7.35}$$

为保持单值性，我们限制 q 的取值范围为

$$-\frac{\pi}{a}<q\leqslant\frac{\pi}{a} \tag{3.7.36}$$

依据边界条件可知

$$u_{2(n+N)}=A\mathrm{e}^{\mathrm{i}[q(n+N)a-\omega t]}=A\mathrm{e}^{\mathrm{i}(qna-\omega t)} \tag{3.7.37}$$

$$\mathrm{e}^{\mathrm{i}qNa}=1 \tag{3.7.38}$$

$qNa=2\pi l$，其中 l 为整数，则

$$-\frac{\pi}{a}<\frac{2\pi l}{Na}\leqslant\frac{\pi}{a} \tag{3.7.39}$$

当 $-\frac{N}{2}<l\leqslant\frac{N}{2}$，$q=\frac{2\pi l}{Na}$ 时，l 可取 N 个值，即波矢是不连续的，有 N 个值，与原胞数相等。一个波矢对应两个不同的频率，有两种振动模式，故总格波的模式数是 $2N$，即总原子数，对应一维原子链的自由度数。实际上，对于三维材料，晶体的振动模式数等于总原子自由度数。

对于声学波和光学波，$q\rightarrow0$ 时，可知

$$\omega_{\mathrm{A}}^{2}=\frac{(\beta_1+\beta_2)(m+M)}{2mM}\left\{1-\left[1-\frac{16mM\beta_1\beta_2}{(\beta_1+\beta_2)^2(m+M)^2}\cdot\left(\frac{qa}{2}\right)^2\right]^{\frac{1}{2}}\right\} \tag{3.7.40}$$

利用

$$(1+x)^{\frac{1}{2}}=1+\frac{1}{2}x+\frac{\frac{1}{2}\left(\frac{1}{2}-1\right)}{2!}x^2+\cdots \tag{3.7.41}$$

可得

$$\omega_{\mathrm{A}}^{2}=\frac{(\beta_1+\beta_2)(m+M)}{2mM}\cdot\frac{8mM\beta_1\beta_2}{(\beta_1+\beta_2)^2(m+M)^2}\cdot\left(\frac{qa}{2}\right)^2=\frac{\beta_1\beta_2(qa)^2}{(\beta_1+\beta_2)(m+M)} \tag{3.7.42}$$

$$\omega_{\mathrm{A}}=qa\sqrt{\frac{\beta_1\beta_2}{(\beta_1+\beta_2)(m+M)}} \tag{3.7.43}$$

波速为

$$V=\frac{\omega}{q}=a\sqrt{\frac{\beta_1\beta_2}{(\beta_1+\beta_2)(m+M)}}=a\left(\frac{\beta}{m}\right)^{\frac{1}{2}} \tag{3.7.44}$$

这是一个常数，长波近似下，长声学波就是弹性波。因此，称 ω_{A} 支格波为声学波。其最小频率为零，最高频率为

$$\omega_{\mathrm{Amax}}=\sqrt{\frac{(\beta_1+\beta_2)}{2mM}}\left\{(m+M)-\left[(m+M)^2-\frac{16mM\beta_1\beta_2}{(\beta_1+\beta_2)^2}\right]^{\frac{1}{2}}\right\}^{\frac{1}{2}} \tag{3.7.45}$$

此时

$$\sin\left(\frac{qa}{2}\right)=1,\quad q=\frac{\pi}{a} \tag{3.7.46}$$

与之相反，其光学支在 Gamma 点频率最高，布里渊区边界频率最低，最高频率和最低频率分别为

$$\omega_{\mathrm{Omax}}=\sqrt{\frac{(\beta_1+\beta_2)(m+M)}{mM}} \tag{3.7.47}$$

$$\omega_{\mathrm{Omin}}=\sqrt{\frac{(\beta_1+\beta_2)}{2mM}\left\{(m+M)+\left[(m+M)^2-\frac{16mM\beta_1\beta_2}{(\beta_1+\beta_2)^2}\right]^{\frac{1}{2}}\right\}^{\frac{1}{2}}} \tag{3.7.48}$$

可知 $\omega_{\mathrm{Omin}}>\omega_{\mathrm{Amax}}$。我们称 ω_{O} 的格波为光学波，因为光学格波的频率处于红外波段，可吸收红外光产生光学格波共振，这是光谱学中的一个重要效应。一维复式格子的色散关系如图 3.7.5 所示。

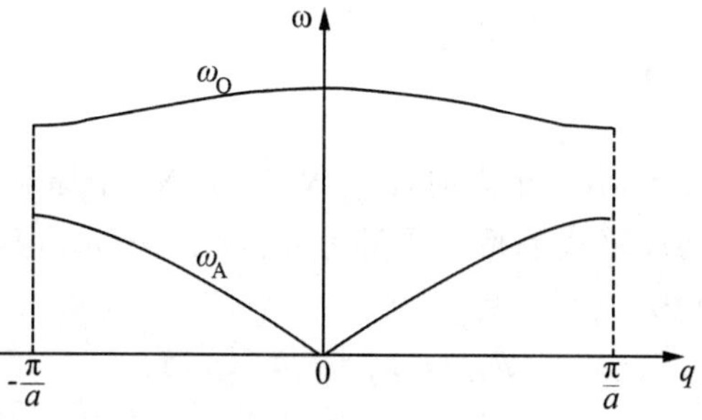

图 3.7.5　一维复式格子的色散关系

对于声学波，两种原子的振幅比为

$$\frac{B}{A}=\frac{\beta_1+\beta_2\mathrm{e}^{\mathrm{i}qa}}{\beta_1+\beta_2-m\omega^2} \tag{3.7.49}$$

当 $q\to0$ 时，$\omega_{\mathrm{A}}\to0$，对于声学波，两种原子的振幅比 $\frac{B}{A}$ 趋于 1，即相邻原子的位移为

$$u_{2n}=u_{2n+1} \tag{3.7.50}$$

相邻原子以相同的振幅和相位做整体运动，代表原胞质心的运动。长声学波描述的是原胞的刚性运动。对于光学波，当 $q=0$ 时，频率和振幅比分别为

$$\omega_{\mathrm{O}}^2=\frac{(\beta_1+\beta_2)(m+M)}{mM} \tag{3.7.51}$$

$$\frac{B}{A}=\frac{\beta_1+\beta_2-M\omega^2}{\beta_1+\beta_2\mathrm{e}^{-\mathrm{i}qa}}=-\frac{M}{m} \tag{3.7.52}$$

这说明，对于长光学波，原胞中不同原子作相对振动，质量大的振幅小，质量小的振幅大，且保持质心不动。也就是说，长光学波是保持原胞质心不变的一种振动模式。

练习题 3-6：试计算一维单原子链格波的最小波速。

练习题 3-7：如图所示，考虑由质量为 M，m 的两种原子构成的一维复式原子链，原子间距相等，晶格常数是 a，力常数是 β，原胞数是 n，请给出格波的色散关系。

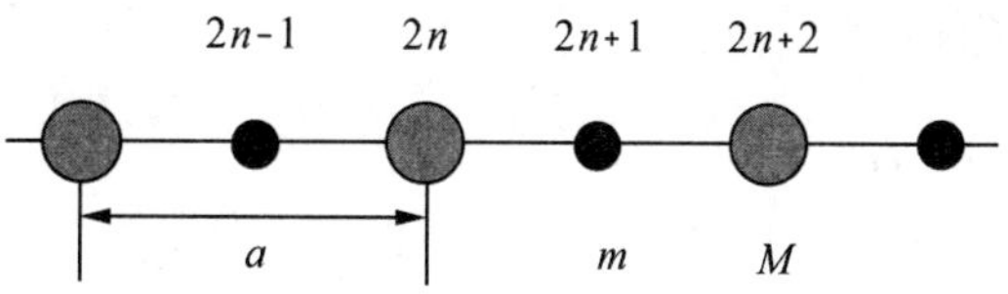

3.8 三维晶格振动与声子

3.8.1 三维晶格振动

设原胞基矢 $\boldsymbol{a}_1,\boldsymbol{a}_2,\boldsymbol{a}_3$ 沿三个方向各有 N_1,N_2,N_3 个原胞。$N=N_1N_2N_3$，每个原胞内有 n 个不同原子构成复式晶格。质量为 $m_1,m_2,\cdots,m_n$，其相对于格点的内位矢为 $\boldsymbol{r}_1,\boldsymbol{r}_2,\cdots,\boldsymbol{r}_n$，格点坐标为

$$\boldsymbol{R}_l=l_1\boldsymbol{a}_1+l_2\boldsymbol{a}_2+l_3\boldsymbol{a}_3 \tag{3.8.1}$$

在 t 时刻，各原子位移为 $\boldsymbol{U}\begin{pmatrix}l\\1\end{pmatrix},\boldsymbol{U}\begin{pmatrix}l\\2\end{pmatrix},\cdots,\boldsymbol{U}\begin{pmatrix}l\\p\end{pmatrix},\cdots,\boldsymbol{U}\begin{pmatrix}l\\n\end{pmatrix}$。在简谐近似下，第 p 个原子在某方向的运动方程为

$$m_p\ddot{\boldsymbol{U}}_\alpha\begin{pmatrix}l\\p\end{pmatrix}=\sum_{l',p',\beta}\Phi_{\alpha\beta}\begin{pmatrix}l,l'\\p,p'\end{pmatrix}\boldsymbol{U}_\beta\begin{pmatrix}l'\\p'\end{pmatrix} \tag{3.8.2}$$

即第 l' 个原胞内 p' 个原子在 β 方向发生位移时，对 l 原胞内 p 原子在 α 方向产生的力，共 $3nN$ 个运动方程。一个原胞有 $3n$ 个方程，解的形式为

$$\boldsymbol{U}\begin{pmatrix}l\\p\end{pmatrix}=\boldsymbol{A}_{p'}\mathrm{e}^{\mathrm{i}[(\boldsymbol{R}_l+\boldsymbol{r}_p)\cdot\boldsymbol{q}-\omega t]}=\boldsymbol{A}_p\mathrm{e}^{\mathrm{i}(\boldsymbol{R}_l\cdot\boldsymbol{q}-\omega t)} \tag{3.8.3}$$

因为 $\boldsymbol{q}$ 一定时，$\boldsymbol{r}_p\cdot\boldsymbol{q}$ 的相位是一定的，故相位因子归入 $\boldsymbol{A}_p$。其分量表示为

$$U_\alpha\begin{pmatrix}l\\p\end{pmatrix}=A_{p\alpha}\mathrm{e}^{\mathrm{i}(\boldsymbol{q}\cdot\boldsymbol{R}_l-\omega t)} \tag{3.8.4}$$

$A_{p\alpha}$ 可取 $3n$ 个，共 $3n$ 个线性方程联立，代入运动方程得

$$-m_p\omega^2A_{p\alpha}\mathrm{e}^{\mathrm{i}(\boldsymbol{q}\cdot\boldsymbol{R}_l-\omega t)}=\sum_{l',p',\beta}\Phi_{\alpha\beta}\begin{pmatrix}l,l'\\p,p'\end{pmatrix}A_{p'\beta}\mathrm{e}^{\mathrm{i}(\boldsymbol{q}\cdot\boldsymbol{R}_{l'}-\omega t)} \tag{3.8.5}$$

$$-m_p\omega^2A_{p\alpha}=\sum_{p'\beta}\left[\sum^{l'}\Phi_{\alpha\beta}\begin{pmatrix}l,l'\\p,p'\end{pmatrix}\mathrm{e}^{-\mathrm{i}\boldsymbol{q}\cdot(\boldsymbol{R}_l-\boldsymbol{R}_{l'})}\right]A_{p'\beta} \tag{3.8.6}$$

$3n$ 个齐次方程，共 $3n$ 个解，即有 $3n$ 个色散关系。其中只有三支格波，当 $\boldsymbol{q}\to0,\omega\to0$ 时，$\omega_{\mathrm{A}i}=V_{\mathrm{A}i}\cdot\boldsymbol{q}$，$V_{\mathrm{A}i}$ 是 $\boldsymbol{q}$ 方向传播的弹性波的速度，为常数。此时 $A_{1\alpha}=A_{2\alpha}=\cdots=A_{n\alpha}$，原胞做刚性运动，这三支称为声学波。其余 $3n-3$ 支格波的频率没有零值，一般要高于声学支，能量处于红外波段，称为光学波。

根据周期性边界条件，有

$$\boldsymbol{U}\begin{pmatrix}l\\p\end{pmatrix}=\boldsymbol{U}\begin{pmatrix}l_1,l_2,l_3\\p\end{pmatrix}=\boldsymbol{U}\begin{pmatrix}l_1+N_1,l_2,l_3\\p\end{pmatrix}=\boldsymbol{U}\begin{pmatrix}l_1,l_2+N_2,l_3\\p\end{pmatrix}=\boldsymbol{U}\begin{pmatrix}l_1,l_2,l_3+N_3\\p\end{pmatrix} \tag{3.8.7}$$

所以

$$e^{i(\boldsymbol{q}\cdot\boldsymbol{R}_l-\omega t)}=e^{i(\boldsymbol{q}\cdot\boldsymbol{R}_l+\boldsymbol{q}\cdot N_1\boldsymbol{a}_1-\omega t)}=e^{i(\boldsymbol{q}\cdot\boldsymbol{R}_l+\boldsymbol{q}\cdot N_2\boldsymbol{a}_2-\omega t)}=e^{i(\boldsymbol{q}\cdot\boldsymbol{R}_l+\boldsymbol{q}\cdot N_3\boldsymbol{a}_3-\omega t)} \tag{3.8.8}$$

故当$\begin{cases}\boldsymbol{q}\cdot N_1\boldsymbol{a}_1=2\pi h_1\\ \boldsymbol{q}\cdot N_2\boldsymbol{a}_2=2\pi h_2\\ \boldsymbol{q}\cdot N_3\boldsymbol{a}_3=2\pi h_3\end{cases}$，且 h_1,h_2,h_3 为整数时，成立。

可见，$\boldsymbol{q}$ 具有倒格矢量纲，可取为

$$\boldsymbol{q}=\frac{h_1}{N_1}\boldsymbol{b}_1+\frac{h_2}{N_2}\boldsymbol{b}_2+\frac{h_3}{N_3}\boldsymbol{b}_3 \tag{3.8.9}$$

式中，$\boldsymbol{b}_1,\boldsymbol{b}_2,\boldsymbol{b}_3$ 是倒格矢，波矢不连续，以$\frac{\boldsymbol{b}_1}{N_1},\frac{\boldsymbol{b}_2}{N_2},\frac{\boldsymbol{b}_3}{N_3}$为基矢，在倒格空间形成分布均匀的倒格点阵，共 $N=N_1N_2N_3$ 个。在倒格空间里，一个格波的波矢所占的体积同电子波矢一样，即

$$\frac{\boldsymbol{b}_1}{N_1}\cdot\left(\frac{\boldsymbol{b}_2}{N_2}\times\frac{\boldsymbol{b}_3}{N_3}\right)=\frac{\Omega^*}{N}=\frac{(2\pi)^3}{N\Omega}=\frac{(2\pi)^3}{V_c} \tag{3.8.10}$$

倒格空间中的波矢密度即单位体积的波矢数，亦为

$$\frac{1}{\dfrac{(2\pi)^3}{V_c}}=\frac{V_c}{(2\pi)^3} \tag{3.8.11}$$

$\boldsymbol{q}$ 增加一个倒格矢，ω 的值不变，为了保持格波解的单值性，可将 $\boldsymbol{q}$ 限制在第一布里渊区里。一个波矢对应 3 个声学波、$3n-3$ 个光学波，共 $3n$ 个振动模式。波矢可取值 N 个，所以晶格振动的总模式数为 $3nN$ 个，即材料的所有原子的自由度数之和。以铜为例，原胞只含一个原子，故其振动谱只有三个声学支，沿任意方向都是一纵两横。图 3.8.1 为铜的色散曲线模拟结果，沿某些方向的横波是简并的。

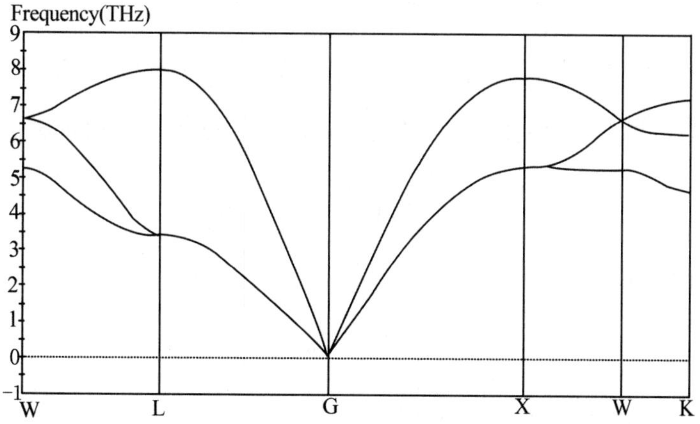

图 3.8.1　铜的色散关系模拟

三维晶格的振动方程在简谐近似下，化成齐次线性方程组。N 个原子的位移矢量构

成空间位移场，即(u_1,u_2,u_3)，(u_4,u_5,u_6)，…，$(u_{3N-2},u_{3N-1},u_{3N})$。

当原子处于平衡位置时，原子间的相互作用势能取最小值，即

$$U_0=\frac{1}{2}\sum_i\sum_j{}'\left(-\frac{A}{r_{ij}^m}+\frac{B}{r_{ij}^n}\right) \tag{3.8.12}$$

晶体势能是任意两原子间距离的函数，当距离变化，势能也发生变化。即相互作用势能是原子偏离平衡位置的位移的函数，共$3N$个变量，该势能函数可表示为

$$U=U(u_1,u_2,\cdots,u_{3N}) \tag{3.8.13}$$

在一维情况下，将某原子势能在平衡位置展成级数，即

$$U(r)=U(a)+\left(\frac{\mathrm{d}U}{\mathrm{d}r}\right)_a(r-a)+\frac{1}{2}\left(\frac{\mathrm{d}^2U}{\mathrm{d}r^2}\right)_a(r-a)^2+\frac{1}{6}\left(\frac{\mathrm{d}^3U}{\mathrm{d}r^3}\right)_a(r-a)^3+\cdots \tag{3.8.14}$$

相互作用力为

$$f(r)=-\frac{\mathrm{d}U}{\mathrm{d}r}=-\left(\frac{\mathrm{d}U}{\mathrm{d}r}\right)_a-\left(\frac{\mathrm{d}^2U}{\mathrm{d}r^2}\right)_a(r-a)-\frac{1}{2}\left(\frac{\mathrm{d}^3U}{\mathrm{d}r^3}\right)_a(r-a)^2+\cdots \tag{3.8.15}$$

设

$$\beta=\left(\frac{\mathrm{d}^2U}{\mathrm{d}r^2}\right)_a \tag{3.8.16}$$

原子在平衡位置时的势能取得极小值，故势函数的一阶导数为零，忽略高次非线性项，称其为简谐近似。此时，力的形式与弹簧振子一致，即

$$f(r)=-\left(\frac{\mathrm{d}^2U}{\mathrm{d}r^2}\right)_a(r-a)=-\beta(r-a) \tag{3.8.17}$$

在三维情况下，将系统相互作用势能在平衡位置展成级数，即

$$U=U_0+\sum_{i=1}^{3N}\left(\frac{\partial U}{\partial u_i}\right)_0u_i+\frac{1}{2}\sum_{i,j=1}^{3N}\left(\frac{\partial^2U}{\partial u_i\partial u_j}\right)_0u_iu_j+\cdots \tag{3.8.18}$$

取U_0为势能零点，平衡位置取极小值，第二项为零，得简谐近似下势能表达式为

$$U=\frac{1}{2}\sum_{i,j=1}^{3N}\left(\frac{\partial^2U}{\partial u_i\partial u_j}\right)_0u_iu_j \tag{3.8.19}$$

N个原子的振动动能为

$$T=\frac{1}{2}\sum_{i=1}^{3N}m_i\dot{u}_i^2 \tag{3.8.20}$$

选取简正坐标以消除势能中的交叉项，即

$$\sqrt{m_i}\ u_i=\sum_{j=1}^{3N}a_{ij}Q_j \tag{3.8.21}$$

在简正坐标中，势能和动能化成

$$U=\frac{1}{2}\sum_{i=1}^{3N}\omega_i^2 Q_i^2 \tag{3.8.22}$$

$$T=\frac{1}{2}\sum_{i=1}^{3N}\dot{Q}_i^2 \tag{3.8.23}$$

振动系统的哈密顿量为

$$H=\frac{1}{2}\sum_{i=1}^{3N}\dot{Q}_i^2+\frac{1}{2}\sum_{i=1}^{3N}\omega_i^2 Q_i^2 \tag{3.8.24}$$

代入正则方程可得

$$\dot{Q}_i=\frac{\partial H}{\partial \dot{Q}_i}=P_i \tag{3.8.25}$$

$$\dot{P}_i=-\frac{\partial H}{\partial Q_i} \tag{3.8.26}$$

得到

$$\ddot{Q}_i+\omega_i^2 Q_i=0 \quad (i=1,2,\cdots,3N) \tag{3.8.27}$$

所以

$$Q_i=A\sin(\omega_i t+\varphi) \tag{3.8.28}$$

这是简谐振子的振动方程，说明晶体内原子在平衡位置附近的振动可以看作 $3N$ 个独立的谐振子的振动。ω_i 即晶格振动频率，每个原子都以相同的频率振动，但有相位差因此振幅不同，称为格波的一个简正振动模式。任一原子的实际振动模式是这 $3N$ 个振动模式的线性叠加，这些谐振子振动能量的总和也就是晶体的振动能。

3.8.2　声子

频率为 ω_i 的谐振子的振动能为

$$\varepsilon_i=\left(n+\frac{1}{2}\right)\hbar\omega_i \tag{3.8.29}$$

即能量是量子化的，在绝对零度下 $n=0$，因此只有零点振动能。

晶格振动能是所有谐振子振动能量的总和，即

$$E=\sum_{i=1}^{3N}\left(n+\frac{1}{2}\right)\hbar\omega_i \quad (n=0,1,2,\cdots) \tag{3.8.30}$$

对于任意 ω_i，能量的增减是以 $\hbar\omega_i$ 为单位计量的。为了便于讨论，将其假想为能量的携带者，称为声子。其他粒子与晶格相互作用时，恰似它们与能量为 $\hbar\omega_i$、动量为 $\hbar q$ 的粒子作用一样。因此，人们称声子为准粒子，$\hbar q$ 为声子的准动量，但它并不携带真实的动量。以一维简单格子为例，波矢为 q 的一个振动模式所携带的动量为

$$P(q)=m\frac{\mathrm{d}}{\mathrm{d}t}\sum_{n=1}^{N}u_n=-\mathrm{i}\omega mA\mathrm{e}^{-\mathrm{i}\omega t}\sum_{n=1}^{N}\mathrm{e}^{\mathrm{i}qna}=-\mathrm{i}\omega mA\mathrm{e}^{-\mathrm{i}\omega t}\sum_{n=1}^{N}\mathrm{e}^{\mathrm{i}\frac{2\pi l}{Na}na}$$
$$=-\mathrm{i}\omega mA\mathrm{e}^{-\mathrm{i}\omega t}\frac{\mathrm{e}^{\mathrm{i}\frac{2\pi l}{N}}(1-\mathrm{e}^{\mathrm{i}2\pi l})}{1-\mathrm{e}^{\mathrm{i}\frac{2\pi l}{N}}}=0 \tag{3.8.31}$$

上式表明格波不携带物理动量。

用 $\boldsymbol{q}+\boldsymbol{K}_l$ 的波矢取代 $\boldsymbol{q}$，格波的解不变，即声子在波矢空间是周期性的。

晶体温度反映了晶格振动能量的大小，这取决于两点：声子数目多；能量大的声子数目多。当温度一定时，对于频率为 ω 的声子，利用玻尔兹曼统计理论，可知声子数为

$$n(\omega)=\frac{\sum_{n=0}^{\infty}n\mathrm{e}^{-\frac{n\hbar\omega}{k_\mathrm{B}T}}}{\sum_{n=0}^{\infty}\mathrm{e}^{-\frac{n\hbar\omega}{k_\mathrm{B}T}}} \tag{3.8.32}$$

令

$$x=\frac{\hbar\omega}{k_\mathrm{B}T} \tag{3.8.33}$$

$$n(\omega)=\frac{\sum_{n=0}^{\infty}n\mathrm{e}^{-nx}}{\sum_{n=0}^{\infty}\mathrm{e}^{-nx}}=-\frac{\mathrm{d}}{\mathrm{d}x}\ln\left(\sum_{n=0}^{\infty}\mathrm{e}^{-nx}\right)$$
$$=-\frac{\mathrm{d}}{\mathrm{d}x}\ln\left(\frac{1}{1-\mathrm{e}^{-x}}\right)=\frac{1}{\mathrm{e}^{x}-1}=\frac{1}{\mathrm{e}^{\frac{\hbar\omega}{k_\mathrm{B}T}}-1} \tag{3.8.34}$$

可见，$T=0$ K 时，$n(\omega)=0$，只有零点振动能。当温度很高时，

$$\mathrm{e}^{\frac{\hbar\omega}{k_\mathrm{B}T}}\approx 1+\frac{\hbar\omega}{k_\mathrm{B}T} \tag{3.8.35}$$

$$n(\omega)\approx\frac{k_\mathrm{B}T}{\hbar\omega} \tag{3.8.36}$$

由此可见，在高温时，某振动所含的平均声子数与温度成正比，与频率成反比。显然，温度一定时，频率低的格波的声子数多。

练习题 3-8：试证明，对同一个振动模式，温度高时声子数目多。

3.9　分子动力学简介

3.9.1　算法

分子动力学(Molecular Dynamics,MD)模拟就是用计算机方法来表示统计力学,作为实验的一个辅助手段。这是一种确定性方法,按照该体系内部的内禀动力学规律来确定位形的转变,跟踪系统中每个粒子的个体运动,然后根据统计物理规律,给出微观量(分子的坐标、速度)与宏观可观测量(温度、压力、比热容、弹性模量)的关系。

分子动力学方法是通过要建立系统内一组分子的运动方程,并求解所有分子的运动方程,来研究体系与微观量相关的基本过程。这种多体问题的严格求解,需要建立并求解体系的薛定谔方程。根据波恩-奥本海默近似,将电子的运动与原子核的运动分开处理,电子的运动用量子力学的方法处理,而原子核的运动用经典动力学的方法处理。此时,原子核的运动满足经典力学规律,用牛顿定律来描述,这对于大多数材料来说是一个很好的近似。

经典的 MD 方法是 Alder(阿尔德)和 Wainwright(温莱特)于 1957 年和 1959 年提出的,应用于理想"硬球"液体模型的、基于刚球势研究气体和液体的状态方程。其基本原理如下:考虑含有 n 个粒子的系统,总能量为所有粒子的动能和势能之和,其中势能为 $U=U(\boldsymbol{r}_1,\boldsymbol{r}_2,\cdots,\boldsymbol{r}_n)$是各个粒子位置的函数。根据牛顿运动方程,任一粒子所受的力为势能的梯度,即

$$\boldsymbol{F}_i=m_i\boldsymbol{a}_i=-\nabla_i U(\boldsymbol{r}_1,\boldsymbol{r}_2,\cdots,\boldsymbol{r}_n) \tag{3.9.1}$$

其中,$\nabla_i=\dfrac{\partial}{\partial r_i}$,由此可知各粒子的受力及加速度,而

$$\boldsymbol{a}_i=\frac{\mathrm{d}\boldsymbol{v}_i}{\mathrm{d}t}=\frac{\mathrm{d}^2\boldsymbol{r}_i}{\mathrm{d}t} \tag{3.9.2}$$

对时间积分得

$$\begin{cases}\boldsymbol{v}_i=\boldsymbol{v}_i^0+\boldsymbol{a}_i t\\ \boldsymbol{r}_i=\boldsymbol{r}_i^0+\boldsymbol{v}_i^0 t+\dfrac{1}{2}\boldsymbol{a}_i t^2\end{cases} \tag{3.9.3}$$

由此可得粒子在经过时间 t 后的速度和位置。因此,MD 方法的计算过程是这样的:根据体系各个粒子的初始位置计算体系势能,然后根据式(3.9.1)和式(3.9.2)计算各粒子的受

力及加速度。对式(3.9.3)取 $t=\Delta t$ 进行计算,得到 Δt 之后的速度和位置,重新计算此时的体系势能、受力以及加速度,再取 Δt 计算,如此循环,可得较长一段时间内的粒子位置、速度和加速度等信息。

经典运动方程是确定性方程,即一旦原子的初始坐标和初速度给出,则以后任意时刻的坐标和速度都可以确定。MD 方法整个运动过程中的坐标和速度称为轨迹,标准解法为有限差分法。把时间分成很多小步,时间间隔为 Δt,循环重复计算。

3.9.1.1　Verlet 算法(1967 年)

用 t 时刻的位置及速度和 $t-\Delta t$ 时刻的位置,计算 $t+\Delta t$ 时刻的位置的 $\boldsymbol{r}$,将粒子的位置进行泰勒展开,即

$$\boldsymbol{r}(t+\Delta t)=\boldsymbol{r}(t)+\frac{\mathrm{d}\boldsymbol{r}(t)}{\mathrm{d}t}\Delta t+\frac{1}{2!}\frac{\mathrm{d}^2\boldsymbol{r}(t)}{\mathrm{d}t^2}(\Delta t)^2+\cdots \tag{3.9.4}$$

将 Δt 换成 $-\Delta t$,得

$$\boldsymbol{r}(t-\Delta t)=\boldsymbol{r}(t)-\frac{\mathrm{d}\boldsymbol{r}(t)}{\mathrm{d}t}\Delta t+\frac{1}{2!}\frac{\mathrm{d}^2\boldsymbol{r}(t)}{\mathrm{d}t^2}(\Delta t)^2+\cdots \tag{3.9.5}$$

将式(3.9.4)和式(3.9.5)相加得

$$\boldsymbol{r}(t+\Delta t)=-\boldsymbol{r}(t-\Delta t)+2\boldsymbol{r}(t)+\frac{\mathrm{d}^2\boldsymbol{r}(t)}{\mathrm{d}t^2}(\Delta t)^2+\cdots \tag{3.9.6}$$

其中

$$\frac{\mathrm{d}^2\boldsymbol{r}(t)}{\mathrm{d}t^2}=\boldsymbol{a}(t) \tag{3.9.7}$$

即由 t 及 $t-\Delta t$ 时刻的位置可预测 $t+\Delta t$ 时刻的位置。

由式(3.9.4)和式(3.9.5)得

$$\frac{\mathrm{d}\boldsymbol{r}(t)}{\mathrm{d}t}=\frac{1}{2\Delta t}(\boldsymbol{r}(t+\Delta t)-\boldsymbol{r}(t-\Delta t)) \tag{3.9.8}$$

由 $t+\Delta t$ 和 $t-\Delta t$ 时刻的位置可知 t 时刻的速度。Verlet 算法并不用速度来计算新位置,而是用来计算动能,用以验证能量是否守恒,并以此来判断结果是否正确。

3.9.1.2　蛙跳算法(1970 年)

Hockey(霍克尼)提出的蛙跳算法是 Verlet 算法的一大改进,此算法涉及半时间间隔的速度。首先将速度的微分用 $t+\frac{1}{2}\Delta t$ 和 $t-\frac{1}{2}\Delta t$ 时的速度的差分来表示,即

$$\frac{v\left(t+\frac{1}{2}\Delta t\right)-v\left(t-\frac{1}{2}\Delta t\right)}{\Delta t}=\frac{F(t)}{m}=a(t) \tag{3.9.9}$$

所以

$$v\left(t+\frac{1}{2}\Delta t\right)=v\left(t-\frac{1}{2}\Delta t\right)+a\Delta t \tag{3.9.10}$$

t 时刻的速度为

$$\begin{aligned} v(t) &= v\left(t-\frac{1}{2}\Delta t\right)+a\ \frac{1}{2}\Delta t \\ &= v\left(t-\frac{1}{2}\Delta t\right)+\frac{1}{2}\left(v\left(t+\frac{1}{2}\Delta t\right)-v\left(t-\frac{1}{2}\Delta t\right)\right) \\ &= \frac{1}{2}\left(v\left(t+\frac{1}{2}\Delta t\right)+v\left(t-\frac{1}{2}\Delta t\right)\right) \end{aligned} \tag{3.9.11}$$

$t+\frac{1}{2}\Delta t$ 时刻的速度为

$$v\left(t+\frac{1}{2}\Delta t\right)=v(t)+\frac{1}{2}a\Delta t \tag{3.9.12}$$

故 t 到 $t+\frac{1}{2}\Delta t$ 走过的路程为

$$S=v(t)\Delta t+\frac{1}{2}a\Delta t^2=\left(v(t)+\frac{1}{2}a\Delta t\right)\Delta t=v\left(t+\frac{1}{2}\Delta t\right)\Delta t \tag{3.9.13}$$

故有

$$r(t+\Delta t)=r(t)+v\left(t+\frac{1}{2}\Delta t\right)\Delta t \tag{3.9.14}$$

与 Verlet 算法相比，蛙跳算法显含速度项，收敛快，计算量小。但其粒子位置与速度不同步，这意味着体系的势能和动能不能同时确定，给模拟带来不便。

3.9.1.3 Gear 预测-校正算法(1971 年)

此方法的思想是泰勒展开，包含三部分。首先，利用泰勒展开预测下一时刻的位置及一阶、二阶以及三阶导数，然后根据新计算的粒子受力计算加速度，与泰勒展开式中的加速度比较，定义加速度的预测误差，最后再根据加速度预测误差对各预测量进行修正。

此方法的时间步长比其他算法长两倍以上，会导致原子的作用力急剧改变。每个积分步内要算两次体系势能，占用内存较多。

3.9.1.4 势函数

决定 MD 计算准确性的关键是对系统的原子间相互作用势的选取。

对势：MD 初期阶段经常采用对势描述原子间相互作用，对无机物的描述尤为准确。对势分为间断对势和连续对势。Alder 和 Wainwright 首次提出采用间断对势。连续对势有 Lennard-Jones 势(伦纳德-琼斯势)、Born-Lande 势(博恩-兰德势)、Mores 势(莫尔斯势)以及 Johnson 势(约翰逊势)。其中，Lennard-Jones 势是描述惰性气体分子间相互作用而建立的，作用力较弱；Born-Lande 势用于描述离子晶体；Mores 势和 Johnson 势常用于描述金属。

多体势：1984 年 Daw（道）和 Baskes（巴克斯）首次提出原子嵌入法（Embedded Atom Method，EAM）将晶体的总势能分成晶格点阵上原子核之间的相互作用对势和原子核镶嵌在电子云背景中的嵌入能两部分，后者代表多体相互作用。这两部分的函数形式都是根据经验选取，基于 EAM 的势函数有很多种，大都用于金属的微观模型。

3.9.2 平衡系综的控制方法

平衡态的分子动力学模拟是在一定的系综下进行的，常用的有等温等体（NVT）和等温等压（NPT）系综。NVT 又称正则系综，原子数 N、体积 V、温度 T 都保持不变。

3.9.2.1 控温方法

在 NVT 或 NPT 系综中，经常调整温度的期望值。温度调节有如下方式：

(1)速度标度

控制温度最简单的方法就是在每一步乘上标度因子 λ。记 t 时刻温度为 $T(t)$，则速度乘以因子后，温度变化为

$$\Delta t=(\lambda^2-1)T(t) \tag{3.9.15}$$

$$\lambda=\sqrt{\frac{T_{\mathrm{req}}}{T(t)}} \tag{3.9.16}$$

式中，T_{req} 为期望的温度。这种方法可以使系统很快平衡，为常用方法。

(2)Berendsen 热浴（1984 年）

假想系统与一个恒温的虚拟热浴连在一起，则两者之间的热交换可使系统达到恒温。对速度每一步进行标度，保持温度的变化率与热浴和系统之间的温差成比例，每一步的温度变化为

$$\Delta T=\frac{\Delta t}{t}(T-T(t)) \tag{3.9.17}$$

因此，速度的标度因子为

$$\lambda^2=1+\frac{\Delta t}{\tau}\left(\frac{T}{T(t)}-1\right) \tag{3.9.18}$$

当 τ 等于步长 Δt 时，与速度标度等价。

(3)Nose-Hoover 热浴

该方法的基本思想是在运动方程中加入一项，这一项与系统的速度相联系，其运动方程为

$$\frac{m\mathrm{d}^2 r_i}{\mathrm{d}t^2}=F_i-m_i\xi v_i \tag{3.9.19}$$

其中 ξ 的值为

$$\frac{\mathrm{d}\xi}{\mathrm{d}t}=\left(\sum_i \frac{p_i^2}{2m_i}-\frac{3}{2}Nk_B T_{ex}\right)\cdot\left(\frac{2}{Q}\right) \tag{3.9.20}$$

式中，T_{ex}为期望的温度。当系统的总动能大于$\frac{3}{2}Nk_B T_{ex}$时，ξ 增加，使速度减小，反之则使粒子速度增加。Q 为与温度控制有关的一个常数。

3.9.2.2 控压方法

在等压模拟下研究压力的诱导要比等体更容易实现，常用的控压技术有三种。

(1)Berendsen 方法

与其控温方法类似，假想系统与一个“压浴”相耦合，取模拟原胞的体积标度因子为 λ，则原子坐标的标度为 $\lambda^{\frac{1}{3}}$。λ 可表达为

$$\lambda=1+k\frac{\Delta t}{\tau_p}(p-p_{bath}) \tag{3.9.21}$$

式中，τ_p 是耦合参数，p_{bath}是“压浴”的压力。由 $r'_i=\lambda^{\frac{1}{3}}$可得新的原子位置。

(2)Anderson 方法

让被研究的物理系统置于压力处处相等的外部环境中，系统的体积可以保持在要模拟的压力时的体积。引入原胞的体积到压力耦合的系统中作为一个额外的自由度，类似于活塞作用到此系统上。

(3)Parrinelo-Anderson 方法

该方法可处理晶格形状和体积都发生变化的情况，可以对原胞施加拉伸剪切及混合加载情况的模拟，补充了其他方法的不足，在对材料的力学性质的分子动力学模拟中应用广泛，特别适合研究固体材料的相变。

参考文献

[1]张跃,谷景华,尚家香,马岳. 计算材料学基础. 北京:北京航空航天大学出版社,2007.

[2]David S. Sholl,Janice A. Steckel. 密度泛函理论. 李健,周勇,译. 北京:国防工业出版社,2014.

[3]胡英,刘洪来. 密度泛函理论. 北京:科学出版社,2016.

[4]谢希德,陆栋. 固体能带理论. 上海:复旦大学出版社,2000.

[5]王矜奉. 固体物理教程. 济南:山东大学出版社,2013.

[6]曾瑾言. 量子力学教程. 济南:科学出版社,2020.

[7]李明宪. CASTEP/Materials Studio 计算化学高级训练课程. 国家高速网络与计算中心授课讲义.

[8]陈志谦,李春梅,李冠男. 材料的设计、模拟与计算——CASTEP 的原理及其应用. 北京:科学出版社,2019.